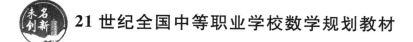

21 世纪全国中等职业学校数学规划教材

初等数学（上）

（第二版）

主　编　吕保献
副主编　王晓凤　汤志浩

U0231914

北京大学出版社
PEKING UNIVERSITY PRESS

内 容 简 介

  本教材是"21世纪全国中等职业学校数学规划教材"之一,它是根据教育部职成司制定的《中等职业学校数学教学大纲》的要求,按照中等职业技术学校的培养目标编写的。在内容编排上,尽量做到由浅入深,由易到难,由具体到抽象,循序渐进,并注意理论联系实际,兼顾体系,加强素质教育和能力方面的培养。可供招收初中毕业生的三年制中等职业学校的学生使用,也适合教师教学与学生自学。

  全套教材分上、下两册出版。上册内容包括:集合与不等式,函数,幂函数、指数函数与对数函数,任意角的三角函数,加法定理及其推论、正弦型曲线,复数,等等。

图书在版编目(CIP)数据

初等数学. 上/吕保献主编. —2版. —北京:北京大学出版社,2013.1
(21世纪全国中等职业学校数学规划教材)
ISBN 978-7-301-21780-1

Ⅰ. ①初⋯　Ⅱ. ①吕⋯　Ⅲ. ①初等数学—中等专业学校—教材　Ⅳ. ①O12

中国版本图书馆 CIP 数据核字(2012)第 300939 号

书　　　　名:	初等数学(上)(第二版)
著作责任者:	吕保献　主编
责 任 编 辑:	胡伟晔　王慧馨
标 准 书 号:	ISBN 978-7-301-21780-1/O · 0906
出　版　者:	北京大学出版社
地　　　　址:	北京市海淀区成府路 205 号　100871
电　　　　话:	邮购部 62752015　发行部 62750672　编辑部 62765126　出版部 62754962
网　　　　址:	http://www.pup.cn　新浪官方微博:@北京大学出版社
电 子 信 箱:	zyjy@pup.cn
印　刷　者:	北京圣夫亚美印刷有限公司
发　行　者:	北京大学出版社
经　销　者:	新华书店

    787 毫米×1092 毫米　16 开本　8.75 印张　216 千字
    2005 年 7 月第 1 版
    2013 年 1 月第 2 版　2025 年 1 月第 9 次印刷(总第 12 次印刷)

  定　　　　价: 18.00 元

前　　言

　　本教材是"21世纪全国中等职业学校数学规划教材"之一,它是根据教育部职成司制定的《中等职业学校数学教学大纲》的要求,按照中等职业技术学校的培养目标编写的,以降低理论、注重基础、强化能力、加强应用、适当更新、稳定体系为指导思想.可供招收初中毕业生的三年制中等职业学校的学生使用,也适合教师教学与学生自学.

　　本套教材在内容编排上,考虑到中等职业技术学校基础课的教学,应以应用为目的,以"必需、够用"为度,教材具有简明实用、通俗易懂、直观性强的特点,淡化理论推导,对复杂的问题,一般不作论证,尽量用几何图形、数表来说明其实际背景和应用价值,由此加深对基本理论和概念的理解,力求把数学内容讲得简单易懂,不过分追求复杂的计算和变换技巧,让学生接受数学的思想方法和思维习惯,尽量做到由浅入深,由易到难,由具体到抽象,循序渐进,并注意理论联系实际,兼顾体系,加强素质教育和能力方面的培养.

　　全套教材分上、下两册出版.上册内容包括:集合与不等式,函数,幂函数、指数函数与对数函数,任意角的三角函数,加法定理及其推论、正弦型曲线,复数等.下册内容包括:立体几何,直线方程,二次曲线,数列,排列、组合、二项式定理等.

　　教材中每节后面配有一定数量的习题.每章后面的复习题分主、客观题两类,供复习巩固本章内容和习题课选用.每章后配有数学史典故供阅读.书末附有习题答案供参考.

　　上册由吕保献担任主编,王晓凤、汤志浩担任副主编,吕保献负责最后统稿.其中第一章由冯金顺编写,第二章由吕保献编写,第三章、第六章由汤志浩编写,第四章、第五章由王晓凤编写.

　　由于编者水平有限,书中不当之处在所难免,恳请教师和读者批评指正,以便进一步修改完善.

编　者

2012 年 4 月

目 录

第一章　集合与不等式 ……………………………………………………………………… (1)

第一节　集合的概念 ………………………………………………………………… (1)

一、集合 …………………………………………………………………………… (1)

二、集合的表示法 ……………………………………………………………… (2)

三、集合之间的关系 …………………………………………………………… (3)

习题 1-1 …………………………………………………………………………… (4)

第二节　集合的运算 ………………………………………………………………… (5)

一、交集 …………………………………………………………………………… (5)

二、并集 …………………………………………………………………………… (6)

三、全集与补集 ………………………………………………………………… (7)

习题 1-2 …………………………………………………………………………… (8)

第三节　不等式与区间 ……………………………………………………………… (9)

一、不等式的性质 ……………………………………………………………… (9)

二、区间 …………………………………………………………………………… (9)

习题 1-3 …………………………………………………………………………… (10)

第四节　一元二次不等式及其解法 ……………………………………………… (10)

一、一元二次不等式 …………………………………………………………… (10)

二、一元二次不等式的解法 ………………………………………………… (11)

习题 1-4 …………………………………………………………………………… (13)

第五节　分式不等式和绝对值不等式 …………………………………………… (13)

一、分式不等式 ………………………………………………………………… (13)

二、绝对值不等式 ……………………………………………………………… (13)

习题 1-5 …………………………………………………………………………… (15)

复习题 一 …………………………………………………………………………… (15)

【数学史典故 1】 ………………………………………………………………… (17)

第二章　函　数 …………………………………………………………………………… (20)

第一节　函数的概念 ………………………………………………………………… (20)

一、函数的定义及记号 ……………………………………………………… (20)

二、函数的定义域 ……………………………………………………………… (21)

习题 2-1 …………………………………………………………………………… (22)

第二节　函数的图像和性质 ……………………………………………………… (23)

一、函数的图像 ………………………………………………………………… (23)

二、分段函数及其图像 ……………………………………………………… (24)

三、函数的单调性和奇偶性 ………………………………………………… (25)

习题 2-2 .... (27)

第三节　反函数 .... (28)

一、反函数的定义 .... (28)

二、互为反函数的函数图像间的关系 .... (29)

习题 2-3 .... (30)

复习题 二 .... (30)

【数学史典故 2】 .... (32)

第三章　幂函数、指数函数与对数函数 .... (34)

第一节　分数指数幂　幂函数 .... (34)

一、n 次根式 .... (34)

二、分数指数幂的概念和运算 .... (35)

三、幂函数 .... (35)

四、幂函数的图像和性质 .... (35)

习题 3-1 .... (38)

第二节　指数函数 .... (38)

一、指数函数的定义 .... (38)

二、指数函数的图像和性质 .... (39)

习题 3-2 .... (41)

第三节　对数 .... (42)

一、对数的概念 .... (42)

二、对数的运算法则 .... (43)

习题 3-3 .... (44)

第四节　对数函数 .... (45)

一、对数函数的定义 .... (45)

二、对数函数的图像和性质 .... (45)

习题 3-4 .... (48)

复习题 三 .... (48)

【数学史典故 3】 .... (50)

第四章　任意角的三角函数 .... (53)

第一节　角的概念的推广　弧度制 .... (53)

一、角的概念推广 .... (53)

二、弧度制 .... (55)

三、圆弧长 .... (57)

习题 4-1 .... (57)

第二节　任意角的三角函数 .... (58)

一、任意角三角函数的定义 .... (58)

二、任意角三角函数值的符号 .... (60)

三、同角三角函数间的关系 .... (62)

　　四、单位圆与三角函数的周期性 ……………………………………………… (63)
　　习题 4-2 ………………………………………………………………………… (65)
　第三节　三角函数的简化公式 …………………………………………………… (66)
　　一、负角的三角函数简化公式 ………………………………………………… (66)
　　二、三角函数的简化公式表 …………………………………………………… (67)
　　习题 4-3 ………………………………………………………………………… (70)
　第四节　三角函数的图像和性质 ………………………………………………… (71)
　　一、正弦函数的图像和性质 …………………………………………………… (71)
　　二、余弦函数的图像和性质 …………………………………………………… (72)
　　三、正切函数的图像和性质 …………………………………………………… (73)
　　四、余切函数的图像和性质 …………………………………………………… (74)
　　习题 4-4 ………………………………………………………………………… (77)
　第五节　已知三角函数值求角 …………………………………………………… (77)
　　一、已知正弦值，求角 ………………………………………………………… (77)
　　二、已知余弦值，求角 ………………………………………………………… (79)
　　三、已知正切值，求角 ………………………………………………………… (79)
　　四、已知余切值，求角 ………………………………………………………… (80)
　　习题 4-5 ………………………………………………………………………… (81)
　第六节　解斜三角形 ……………………………………………………………… (81)
　　一、正弦定理和余弦定理 ……………………………………………………… (81)
　　二、斜三角形的解法 …………………………………………………………… (81)
　　习题 4-6 ………………………………………………………………………… (84)
　复习题 四 ………………………………………………………………………… (84)
　　【数学史典故 4】 ……………………………………………………………… (86)

第五章　加法定理及其推论、正弦型曲线 ……………………………………… (90)
　第一节　两角和与差的正弦、余弦与正切 ……………………………………… (90)
　　一、正弦、余弦的加法定理 …………………………………………………… (90)
　　二、正切的加法定理 …………………………………………………………… (93)
　　习题 5-1 ………………………………………………………………………… (93)
　第二节　二倍角的三角函数 ……………………………………………………… (94)
　　习题 5-2 ………………………………………………………………………… (97)
　第三节　正弦型曲线 ……………………………………………………………… (98)
　　习题 5-3 ………………………………………………………………………… (101)
　复习题 五 ………………………………………………………………………… (102)
　　【数学史典故 5】 ……………………………………………………………… (103)

第六章　复　数 …………………………………………………………………… (105)
　第一节　复数的概念 ……………………………………………………………… (105)
　　一、复数的定义 ………………………………………………………………… (105)

二、复数的有关概念 …………………………………………………… （106）
　　习题 6-1 …………………………………………………………… （108）
第二节　复数的四则运算 ………………………………………………… （108）
一、复数的向量表示 ……………………………………………… （108）
二、复数的加法和减法 …………………………………………… （110）
三、复数的乘法和除法 …………………………………………… （110）
四、实系数一元二次方程的解法 ………………………………… （111）
　　习题 6-2 …………………………………………………………… （112）
第三节　复数的三角形式和指数形式 ………………………………… （113）
一、复数的三角形式 ……………………………………………… （113）
二、复数三角形式的乘法和除法 ………………………………… （115）
三、复数的指数形式 ……………………………………………… （117）
　　习题 6-3 …………………………………………………………… （118）
复习题 六 ………………………………………………………………… （119）
　　【数学史典故 6】 ……………………………………………… （121）

部分习题参考答案 ……………………………………………………… （123）

第一章　集合与不等式

集合论是现代数学的一个重要分支,是数学中最基本的概念之一,它的基本知识已被广泛地运用到数学的各个领域.本章先介绍集合的相关概念和简单运算,并讨论一元二次不等式、分式不等式及含有绝对值不等式的解法.

第一节　集合的概念

一、集合

引例 1.1　考察下面几组对象:

(1) 某单位的全体职员;

(2) 某平面上的所有点;

(3) 所有的平行四边形;

(4) 某学校图书馆的全部藏书;

(5) 全部整数.

它们分别是由一些人、一些点、一些图形、一些书、一些数组成的,每组里的对象都具有某种特定性质.

我们把具有某种特定性质的对象的全体叫做**集合**.集合里的每个对象叫做这个集合的**元素**.含有有限个元素的集合称为**有限集**,含有无限个元素的集合称为**无限集**.

集合通常用大写字母 $A,B,C,\cdots$ 来表示,集合的元素用小写字母 $a,b,c,\cdots$ 来表示.如果 a 是集合 A 的元素,就记为"$a\in A$",读作"a 属于 A",若 a 不是集合 A 的元素,就记为"$a\notin A$",读作"a 不属于 A".

例如,引例 1.1 中的(1)是由某单位的全体职员组成的集合,单位里的每一个职员都是这个集合的元素;(2)是由某平面上的所有点组成的集合,该平面上的每一个点都是这个集合的元素;(3) 是由所有的平行四边形所组成的集合,其中每个具体的平行四边形都是这个集合的元素;(4)是由某学校图书馆的全部藏书所组成的集合,其中该图书馆的每一本藏书都是这个集合的元素;(5)是由全部整数所组成的集合,每一个整数都是这个集合的元素.根据上面的分析可知引例 1.1 中的(1)、(4)是有限集;(2)、(3)、(5)这三个集合是无限集.

在引例 1.1(5)中,用 $\mathbf{Z}$ 表示所有整数组成的集合,则 $0\in\mathbf{Z},-13\in\mathbf{Z},\dfrac{2}{3}\notin\mathbf{Z},-\dfrac{1}{2}\notin\mathbf{Z}.$

由数组成的集合叫做**数集**,常见的数集及记号表示如下:

非负整数全体构成的集合叫做**自然数集**,记作 $\mathbf{N}$;

全体整数的集合叫做**整数集**,记作 $\mathbf{Z}$;

全体有理数的集合叫做**有理数集**,记作 $\mathbf{Q}$;

全体实数的集合叫做**实数集**,记作 $\mathbf{R}$.

如果上述数集中的元素仅限于正数,就在集合记号的右上角标以"＋"号;若数集中的元素都是负数，就在集合记号的右上角标以"—"号.例如，$\mathbf{R}^+$表示正实数集，$\mathbf{Z}^-$表示负整数集.

关于集合的概念，以下两点应当明确：

(1) 集合中的元素是确定的，这就是说，组成集合的对象必须是确定的.例如，"某校学生中体重大于55 kg的同学"成为一个集合，因为组成它的对象是确定的，而"某校学生中的胖同学"就不能成为一个集合，因为所描述的对象是不确定的.

(2) 集合中的元素是互异的，这就是说，一个集合中的任何两个元素都是不同的对象，相同的对象在同一个集合中时，只能算作这个集合的一个元素.

二、集合的表示法

集合的表示方法，常用的有以下两种.

1. 列举法

把集合中的元素一一列举出来写在大括号内，每个元素仅写一次，不分顺序，像这样的表示方法，叫做**列举法**.例如：

中国四大名著组成的集合，可以表示为｛《三国演义》，《水浒传》，《西游记》，《红楼梦》｝；

由数2,3,5,7组成的集合可以表示为｛2,3,5,7｝；

方程$x^2-4=0$的解的集合，可以表示为｛－2,2｝.

当集合元素很多，不可能或不需要全部列出时，可以按规律写出几个元素，其他的用省略号表示.如小于1000的自然数集可表示为｛0,1,2,3,…,999｝；正偶数集合可表示为｛2,4,6,…,2n,…｝.

用列举法表示集合时，不考虑元素的书写顺序.例如集合｛1,2,3,4｝可以表示为｛4,3,2,1｝，也可以表示为｛1,3,2,4｝等.

2. 描述法

把集合中的元素所具有的共同性质描述出来，写在大括号内，像这样表示集合的方法，叫做**描述法**.例如：

(1) 某班的全体女同学所组成的集合可表示为｛某班的全体女同学｝；

(2) 不等式$x+5>0$的所有解所组成的集合可表示为｛不等式$x+5>0$的解｝，也可表示为｛$x|x+5>0$｝；

(3) 直线$y=x-1$上的所有点组成的集合，可以表示为｛$(x,y)|y=x-1$｝；

(4) 由方程$x^2+4=0$的所有实数解组成的集合可表示为｛$x|x^2+4=0,x\in\mathbf{R}$｝.

我们注意到，集合｛$x|x^2+4=0,x\in\mathbf{R}$｝中不含任何元素.

一般地，把不含任何元素的集合叫做**空集**，记作$\varnothing$.把至少含有一个元素的集合叫做**非空集**.只含有一个元素的集合叫做**单元素集**.

例如，｛3｝，｛－1｝，｛0｝都是单元素集.

注意

① 空集$\varnothing$与集合｛0｝不同，$\varnothing$指的是不含任何元素的集合，｛0｝是由一个元素0所组成的单元素集；

② 单元素集｛a｝与单个元素a是不同的，a表示一个元素，｛a｝表示一个集合，二者的关系是$a\in\{a\}$.

描述法表示集合时，常用类似(2)、(3)和(4)中的表示方法，在大括号内，竖线左边表示集合所含元素的一般形式,竖线右边表示集合中元素所具有的共同性质.

以上所讲的列举法和描述法是集合的两种不同的表示法,实际运用时究竟选用哪一种表示法,依具体问题而定.有的集合两种表示法都可用.例如,由方程 $x^2-4=0$ 的所有的解组成的集合,用列举法表示为 $\{2,-2\}$,用描述法表示为 $\{x \mid x^2-4=0\}$.

例 1 用列举法或描述法表示下列集合:

(1) 大于 3 小于 18 的奇数的集合;

(2) 某班高于 1.6 米低于 1.9 米的男同学组成的一个集合;

(3) 由二次函数 $y=x^2+3x-1$ 的图像上所有点组成的集合.

解 (1)用列举法表示为 $\{5,7,9,11,13,15,17\}$,用描述法表示为 $\{x \mid x=2n+1,2 \leqslant n \leqslant 8, n \in \mathbf{N}\}$;

(2) $\{$某班高于 1.6 米低于 1.9 米的男同学$\}$;

(3) $\{(x,y) \mid y=x^2+3x-1\}$.

三、集合之间的关系

1. 子集

我们知道,任何一个整数都是实数,这就是说整数集 $\mathbf{Z}$ 中的任何一个元素都是实数集 $\mathbf{R}$ 中的元素.

一般地,对于两个集合 A 和 B,如果集合 A 的任何一个元素都是集合 B 的元素,则集合 A 叫做集合 B 的**子集**,记为

$$A \subseteq B \text{ 或 } B \supseteq A,$$

读作"A 包含于 B"或"B 包含 A".

例如,$\mathbf{Z} \subseteq \mathbf{R}$ 或 $\mathbf{R} \supseteq \mathbf{Z}$,$\{-1,1\} \subseteq \{-1,0,1\}$或$\{-1,0,1\} \supseteq \{-1,1\}$.

对于任何一个非空集合 A,因为它的任何一个元素都是集合 A 的元素,所以

$$A \subseteq A.$$

也就是说,任何一个集合都是它本身的子集.

我们规定:空集 $\varnothing$ 是任何集合 A 的子集,即

$$\varnothing \subseteq A.$$

如果集合 A 是集合 B 的子集,且集合 B 中至少有一个元素不属于集合 A,则集合 A 叫做集合 B 的**真子集**,记为

$$A \subset B \text{ 或 } B \supset A.$$

例如,$\{2,3,4\} \subset \{1,2,3,4,5\}$;$\mathbf{Z} \subset \mathbf{R}$;$\mathbf{N} \subset \mathbf{Z}$.

很明显,空集是任何非空集合 A 的真子集,即 $\varnothing \subset A$.

为了形象地说明集合之间的包含关系,我们通常用圆或任何封闭曲线围成的图形表示集合,而用圆中的点表示该集合的元素.这样的图形称为**文氏(Venn)图**.集合 A 是集合 B 的真子集,可由图 1-1 表示.

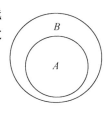

根据子集、真子集的定义可推知:

对于集合 A、B、C,如果 $A \subseteq B$,$B \subseteq C$,则 $A \subseteq C$;

对于集合 A、B、C,如果 $A \subset B$,$B \subset C$,则 $A \subset C$.

图 1-1

例 2 写出集合 $\{a,b,c\}$ 的所有子集与真子集.

解　集合$\{a,b,c\}$的子集为：$\varnothing$，$\{a\}$，$\{b\}$，$\{c\}$，$\{a,b\}$，$\{a,c\}$，$\{b,c\}$，$\{a,b,c\}$. 共有 8 个子集，除子集$\{a,b,c\}$外的其余 7 个子集都是真子集.

例 3　讨论集合$A=\{x\,|\,x+4=0\}$与$B=\{x\,|\,x^2+6x+8=0\}$之间的包含关系.

解　因为方程$x+4=0$的解为
$$x=-4,$$
所以
$$A=\{-4\}.$$
因为方程$x^2+6x+8=0$的解为
$$x_1=-2,\quad x_2=-4.$$
所以
$$B=\{-2,-4\}.$$
因此集合A是B的真子集，即
$$A\subset B.$$

2. 集合的相等

对于两个集合A和B，如果$A\subseteq B$，同时$A\supseteq B$，则称集合A和集合B **相等**，记为
$$A=B.$$
反之，如果$A=B$，则$A\subseteq B$且$B\subseteq A$.

两个集合相等，意味着这两个集合的元素完全相同.

例如，$\{2,1\}=\{1,2\}$，$\{x\,|\,(x+3)(x+1)=0\}=\{-1,-3\}$.

习 题 1-1

1. 下列集合中哪些是空集？哪些是有限集合？哪些是无限集合？
   (1) $\{x\,|\,x+1=1\}$；
   (2) $\{(x,y)\,|\,x\in\mathbf{R},y\in\mathbf{R}\}$；
   (3) $\{x\,|\,x^2+1=1\}$；
   (4) $\{x\,|\,x^2-2x-3=0\}$.

2. 用列举法或描述法表示下列集合：
   (1) 大于 5 小于 19 的偶数；
   (2) 二次函数$y=ax^2+bx+c\ (a\neq0)$图像上的所有点；
   (3) 所有 3 的正整数倍数；
   (4) 数轴上 5 与 7 之间的所有的点；
   (5) 不等式$x-3\geqslant0$的所有解；
   (6) 某工厂在某天内生产的所有电视机.

3. 用适当的符号（$\in$，$\notin$，$=$，$\subset$，$\subseteq$）填空：
   (1) a ____ $\{a,b,c\}$；
   (2) 3 ____ $\{1,2\}$；
   (3) $\{a\}$ ____ $\{a,b,c\}$；
   (4) $\{2,1\}$ ____ $\{1,2\}$；
   (5) 0 ____ $\{0\}$；
   (6) $\{0\}$ ____ $\varnothing$；
   (7) $\{3,4\}$ ____ $\{3,4,5\}$；
   (8) 2 ____ $\mathbf{N}$；
   (9) $\sqrt{3}$ ____ $\mathbf{Q}$；
   (10) -3 ____ $\mathbf{Q}^-$.

4. 判断下列说法是否正确：
   (1) 某班全体高个子男生组成一个集合；
   (2) 对于任意集合A，都有$\varnothing\subset A$；
   (3) 集合$\{1,2,3,4\}$与集合$\{4,2,1,3\}$是不相同的集合；

(4) 集合{1,2},{3,4}与集合{1,2,3,4}是相等的;

(5) 对于两个集合 A 和 B 相等,当且仅当 $A\subseteq B$ 时,$B\subseteq A\subseteq B$.

5. 写出集合 $\{a,b,c,d\}$ 的所有子集和真子集.

6. 判断下列各题中的两个集合之间的关系:

(1) $A=\{1,2,3,4,5\}$,　　$B=\{$小于 10 的正整数$\}$;

(2) $A=\{x\mid 0\leqslant x<1\}$,　　$B=\{$数轴上 0 与 1 之间的点$\}$;

(3) $A=\{x\mid x<5,x\in \mathbf{N}\}$,$A=\{x\mid x<5,x\in \mathbf{Z}\}$;

(4) $A=\{(x,y)\mid x+y=0,x\in \mathbf{Z}^{+},x<4,y\in \mathbf{Z}^{-}\}$,

　　$B=\{(1,-1),(2,-2),(3,-3)\}$.

7. 图 1-2 中 A,B,C 表示集合,请说明它们之间有什么包含关系.

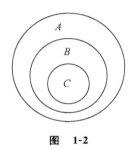

图　1-2

第二节　集合的运算

一、交集

引例 1.2　设集合 $A=\{1,3,5,7,9\}$,$B=\{1,2,3,4,5\}$,$C=\{1,3,5\}$. 显然,集合 C 是由集合 A 和集合 B 的公共元素组成的.

一般地,设 A 和 B 是两个集合,把属于 A 且属于 B 的所有元素所组成的集合叫做 A 与 B 的**交集**,记作 $A\cap B$,读作"A 交 B",即

$$A\cap B=\{x\mid x\in A\text{且}x\in B\}.$$

"$\cap$"是求两个集合的交集的运算符号.求交集的运算称为**交运算**.图 1-3 中的阴影部分表示了集合 A 与 B 的交集.

由交集的定义知道,对于任意集合 A,B,C,有

(1) 交换律:$A\cap B=B\cap A$;

(2) 结合律:$(A\cap B)\cap C=A\cap(B\cap C)$;

(3) $A\cap A=A$,$A\cap\varnothing=\varnothing\cap A=\varnothing$;

(4) 若 $A\subseteq B$,则 $A\cap B=A$;

(5) $A\cap B\subseteq A$,$A\cap B\subseteq B$.

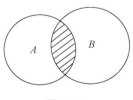

图　1-3

例 1　设 $A=\{2,3,4,5\}$,$B=\{1,4,5,8,9\}$,求 $A\cap B$.

解　$A\cap B=\{2,3,4,5\}\cap\{1,4,5,8,9\}=\{4,5\}$.

例 2　设 $A=\{$矩形$\}$,$B=\{$菱形$\}$,求 $A\cap B$.

解　$A\cap B=\{$矩形$\}\cap\{$菱形$\}=\{$既是矩形又是菱形$\}=\{$正方形$\}$.

例3 设 $A=\{x\,|\,x<4\},B=\{x\,|\,x>2\}$，求 $A\bigcap B$.

解 $A\bigcap B=\{x\,|\,x<4\}\bigcap\{x\,|\,x>2\}=\{x\,|\,2<x<4\}$.

在数轴上这个交集如图 1-4 所示.

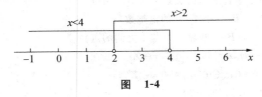

图　1-4

例4 设 $A=\{(x,y)\,|\,x+2y=2\},B=\{(x,y)\,|\,4x-2y=3\}$，求 $A\bigcap B$.

解 $A\bigcap B=\{(x,y)\,|\,x+2y=2\}\bigcap\{(x,y)\,|\,4x-2y=3\}$

$$=\left\{(x,y)\,\middle|\,\begin{matrix}x+2y=2\\4x-2y=3\end{matrix}\right\}=\left[\left(1,\frac{1}{2}\right)\right].$$

例5 设 $A=\{1,2,3,4,5\},B=\{1,2,3,7\},C=\{1,2,7,10,11\}$，求：

(1) $(A\bigcap B)\bigcap C$; 　　　　　　　　(2) $A\bigcap(B\bigcap C)$.

解 (1) $(A\bigcap B)\bigcap C=\{1,2,3\}\bigcap\{1,2,7,10,11\}=\{1,2\}$.

(2) $A\bigcap(B\bigcap C)=\{1,2,3,4,5\}\bigcap\{1,2,7\}=\{1,2\}$.

二、并集

引例1.3 对于集合 $A=\{1,3,5\},B=\{2,3,4,6\},C=\{1,2,3,4,5,6\}$. 显然，集合 C 是由集合 A 和集合 B 的所有元素合并在一起（相同的元素只取一个）组成的.

一般地，设 A 和 B 是两个集合，把属于集合 A 或属于集合 B 的所有元素合并在一起组成的集合称为 A 与 B 的**并集**. 记为 $A\bigcup B$，读作"A 并 B"，即

$$A\bigcup B=\{x\,|\,x\in A \text{ 或 } x\in B\}.$$

"$\bigcup$"是两个集合的并集的运算符号. 求并集的运算称为**并运算**. 集合 A 与 B 的并集 $A\bigcup B$ 可用图 1-5 中的阴影部分表示.

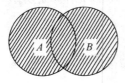

图　1-5

由并集定义和图 1-5 可以看出，对于任意集合 A,B,C，有

(1) 交换律：$A\bigcup B=B\bigcup A$;

(2) 结合律：$(A\bigcup B)\bigcup C=A\bigcup(B\bigcup C)$;

(3) $A\bigcup A=A$,　$A\bigcup\varnothing=\varnothing\bigcup A=A$;

(4) 若 $A\subseteq B$，则 $A\bigcup B=B$;

(5) $A\subseteq A\bigcup B,B\subseteq A\bigcup B$.

例6 设 $A=\{0,3,5,7\},B=\{-1,-5,-7,0,7\}$，求 $A\bigcup B$.

解 $A\bigcup B=\{0,3,5,7\}\bigcup\{-1,-5,-7,0,7\}=\{-7,-5,-1,0,3,5,7\}$.

例7 设 $A=\{x\,|\,-1<x<5\},B=\{x\,|\,-2<x<4\}$，求 $A\bigcup B$.

解 $A\cup B=\{x\,|\,-1<x<5\}\cup\{x\,|\,-2<x<4\}=\{x\,|\,-2<x<5\}$（如图 1-6 所示）.

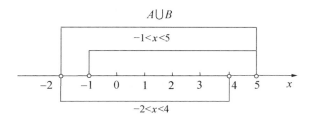

图 1-6

例 8 设 $A=\{1,4,5\}$，$B=\{2,3,6,8\}$，$C=\{3,5,7,9\}$，求：

(1) $(A\cup B)\cup C$；　　　　　　　　　　(2) $A\cup(B\cup C)$.

解 (1) $(A\cup B)\cup C=\{1,2,3,4,5,6,8\}\cup\{3,5,7,9\}=\{1,2,3,4,5,6,7,8,9\}$.

(2) $A\cup(B\cup C)=\{1,4,5\}\cup\{2,3,5,6,7,8,9\}=\{1,2,3,4,5,6,7,8,9\}$.

三、全集与补集

如果一个集合含有我们所要研究的各个集合的全部元素，那么这个集合就叫做**全集**，全集通常用 U 表示.

在有理数范围内讨论问题时，就可以把有理数集 **Q** 看作全集，在整数范围内讨论问题时，就可以把整数集 **Z** 看作全集.

设 U 为全集，A 为 U 的一个子集，则 U 中所有不属于集合 A 的元素组成的集合叫做集合 A 的**补集**，记为 $\complement_U A$，读作"A 补"，即

$$\complement_U A=\{x\,|\,x\in U \text{且} x\notin A\}.$$

图 1-7 所示的阴影部分就表示集合 A 的补集 $\complement_U A$.

由补集定义和图 1-7 可以看出：

(1) $A\cup\complement_U A=U$；

(2) $A\cap\complement_U A=\varnothing$；

(3) $\complement_U U=\varnothing$；

(4) $\complement_U\varnothing=U$；

(5) $\complement_U(\complement_U A)=A$.

求补集的运算叫做补运算.

注意

补集是相对全集而言的. 因此，即使是同一集合 A，由于所取的全集不同，它的补集是不同的.

例如，设 $U=\{1,3,5,7,8\}$，$A=\{1,3\}$，则 $\complement_U A=\{5,7,8\}$. 若 $U=\{1,2,3,4,5,6\}$，则 $\complement_U A=\{2,4,5,6\}$.

例 9 设 $U=\{x\,|\,1<x\leqslant10,x\in\mathbf{Z}\}$，$A=\{x\,|\,2<x<7,x\in\mathbf{Z}\}$，求 $\complement_U A$.

解 因为

$$U=\{2,3,4,5,6,7,8,9,10\},\quad A=\{3,4,5,6\},$$

所以

$$\complement_U A=\{2,7,8,9,10\}.$$

例 10　设 $U=\{x\,|\,1\leqslant x\leqslant 10, x\in\mathbf{N}\}, A=\{1,3,5,7\}, B=\{2,4,6\}$，求：

(1) $\complement_U(A\cup B)$；　　　　　　　(2) $\complement_U(A\cap B)$；

(3) $\complement_U A\cap\complement_U B$；　　　　　(4) $\complement_U A\cup\complement_U B$.

解　$U=\{x\,|\,1\leqslant x\leqslant 10, x\in\mathbf{N}\}=\{1,2,3,4,5,6,7,8,9,10\}$.

(1) 因为

$$A\cup B=\{1,2,3,4,5,6,7\},$$

所以

$$\complement_U(A\cup B)=\{8,9,10\}.$$

(2) 因为

$$A\cap B=\varnothing,$$

所以

$$\complement_U(A\cap B)=\complement_U\varnothing=U.$$

(3) 因为

$$\complement_U A=\{2,4,6,8,9,10\},\quad\complement_U B=\{1,3,5,7,8,9,10\},$$

所以

$$\complement_U A\cap\complement_U B=\{2,4,6,8,9,10\}\cap\{1,3,5,7,8,9,10\}=\{8,9,10\}.$$

(4) $\complement_U A\cup\complement_U B=\{2,4,6,8,9,10\}\cup\{1,3,5,7,8,9,10\}$

$$=\{1,2,3,4,5,6,7,8,9,10\}=U.$$

由例 10 可知：

$$\complement_U(A\cup B)=\complement_U A\cap\complement_U B;\quad\complement_U(A\cap B)=\complement_U A\cup\complement_U B.$$

这个结论是补集运算与并、交运算之间的重要联系，它们叫做**德·摩根**（De Morgan）**公式**，也称为**反演定律**.

习 题 1-2

1. 设 $A=\{1,2,3,4,5\}, B=\{1,3,5,7,9\}$，求 $A\cap B$.

2. 设 $A=\{(x,y)\,|\,4x+y=6\}, B=\{(x,y)\,|\,3x+2y=7\}$，求 $A\cap B$.

3. 已知全集 $U=\mathbf{R}, A=\{x\,|\,2x-5<0\}$，$B=\{x\,|\,x-3\geqslant0\}$，求：

(1) $A\cap B$；　　　　　　　(2) $\complement_U A$；

(3) $\complement_U B$；　　　　　　　(4) $\complement_U A\cap\complement_U B$；

(5) $\complement_U A\cup\complement_U B$.

4. 设 $A=\{x\,|-1<x<3\}, B=\{x\,|\,2\leqslant x\leqslant6\}$，求 $A\cup B, A\cap B$，并在数轴上表示.

5. 如图 1-8 所示，U 是全集，A, B 是的 U 两个子集，用阴影表示：

(1) $\complement_U A\cup\complement_U B$；　　　　　　(2) $\complement_U A\cap\complement_U B$.

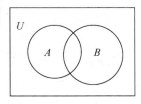

图　1-8

第三节　不等式与区间

一、不等式的性质

不等式有下列性质：

(1) 若 $a>b, b>c$，则 $a>c$；

(2) 若 $a>b$，则 $a \pm c>b \pm c$；

(3) 若 $a>b, c>0$，则 $ac>bc$ 或 $\dfrac{a}{c}>\dfrac{b}{c}$；

(4) 若 $a>b, c<0$，则 $ac<bc$ 或 $\dfrac{a}{c}<\dfrac{b}{c}$.

推论 1　　若 $a+b>c$，则 $a>c-b$；

推论 2　　若 $a>b$，且 $c>d$，则 $a+c>b+d$；

推论 3　　若 $a>b>0, c>d>0$，则 $ac>bd$.

上述不等式的性质是解不等式的依据.

二、区间

介于两个实数之间的所有实数的集合叫做**区间**. 这两个实数叫做区间的**端点**.

设 a, b 为任意两个实数，且 $a<b$. 我们规定：

(1) 满足不等式 $a \leqslant x \leqslant b$ 的实数 x 的集合称为**闭区间**，记为 $[a, b]$；

(2) 满足不等式 $a<x<b$ 的实数 x 的集合称为**开区间**，记为 (a, b)；

(3) 满足不等式 $a<x \leqslant b$ 的实数 x 的集合称为**左开右闭区间**，记为 $(a, b]$；

(4) 满足不等式 $a \leqslant x<b$ 的实数 x 的集合称为**左闭右开区间**，记为 $[a, b)$.

左开右闭区间与左闭右开区间统称为**半开区间**.

在数轴上，上述这些区间都可以用一条以 a 和 b 为端点的线段来表示. 如图 1-9 所示. 在图上，区间闭的一端用实心点表示，开的一端用空心点表示. 端点间的距离称为**区间的长度**，区间的长度为有限时，称为**有限区间**. 区间的长度为无限时称为**无限区间**.

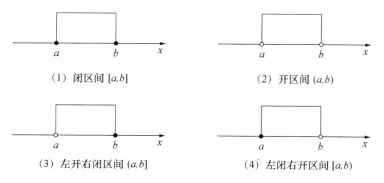

(1) 闭区间 $[a, b]$　　　　(2) 开区间 (a, b)

(3) 左开右闭区间 $(a, b]$　　　　(4) 左闭右开区间 $[a, b)$

图　1-9

关于无限区间，有如下规定：

(1) 区间 $(-\infty, a]$ 表示数集 $\{x \mid x \leqslant a\}$，如图 1-10(1) 所示；

（2）区间 $(-\infty,a)$ 表示数集 $\{x\mid x<a\}$，如图 1-10(2) 所示；

（3）区间 $[b,+\infty)$ 表示数集 $\{x\mid x\geqslant b\}$，如图 1-10(3) 所示；

（4）区间 $(b,+\infty)$ 表示数集 $\{x\mid x>b\}$，如图 1-10(4) 所示；

（5）区间 $(-\infty,+\infty)$，表示实数集 $\mathbf{R}$，如图 1-10(5) 所示.

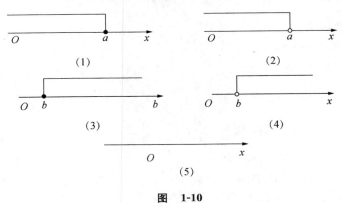

图　1-10

其中,符号"∞"读作"无穷大","$-\infty$"读作"负无穷大","$+\infty$"读作"正无穷大". 它们不是数,仅是记号.

习 题 1-3

1. 用区间表示下列实数的集合：

（1）$\{x\mid 2\leqslant x\leqslant 4\}$；

（2）$\{x\mid x\geqslant -5\}$；

（3）$\{x\mid x<7\}$；

（4）$\{x\mid -2<x<3\}$.

2. 判断下列说法是否正确：

（1）$\{x\mid x<5\}$，$(-\infty,5)$ 表示同一个集合；

（2）方程 $x^2=4$ 的解集是 $[-2,2]$；

（3）$\{x\mid 4<x<7\}$，$\{5,6\}$ 表示同一个集合；

（4）$\{x\mid x<0$ 且 $x\in \mathbf{Z}\}$ 与区间 $(0,+\infty)$ 表示同一个集合.

第四节　一元二次不等式及其解法

一、一元二次不等式

我们把含有一个未知数且未知数的最高次数是二次的不等式叫做**一元二次不等式**.
一元二次不等式的一般形式是

$$ax^2+bx+c>0,$$

$$ax^2+bx+c\geqslant 0,$$

$$ax^2+bx+c<0,$$

$$ax^2+bx+c\leqslant 0,$$

这里 $a\neq 0$.

二、一元二次不等式的解法

一元二次不等式有两种解法：

1. 化成一元一次不等式求解

（1）若不等式 $ax^2+bx+c>0$ $(a>0)$ 能写成 $a(x-x_1)(x-x_2)>0$，则可由

$$\begin{cases} x-x_1>0, \\ x-x_2>0 \end{cases} \text{或} \begin{cases} x-x_1<0, \\ x-x_2<0 \end{cases}$$

求出一元二次不等式 $ax^2+bx+c>0$ $(a>0)$ 的解集.

（2）若不等式 $ax^2+bx+c<0$ $(a>0)$ 能写成 $a(x-x_1)(x-x_2)<0$，则可由

$$\begin{cases} x-x_1>0, \\ x-x_2<0 \end{cases} \text{或} \begin{cases} x-x_1<0, \\ x-x_2>0 \end{cases}$$

求出一元二次不等式 $ax^2+bx+c<0$ $(a>0)$ 的解集.

当一元二次不等式的二次项系数 $a<0$ 时，先将其化为正数，再解不等式.

例 1　解不等式 $x^2-5x+6>0$.

解　因为

$$x^2-5x+6=(x-2)(x-3),$$

由

$$\begin{cases} x-2>0, \\ x-3>0 \end{cases} \text{或} \begin{cases} x-2<0, \\ x-3<0 \end{cases}$$

得

$$x>3 \text{ 或 } x<2.$$

所以不等式 $x^2-5x+6>0$ 的解集为 $(-\infty,2)\bigcup(3,+\infty)$.

2. 利用二次函数 $y=ax^2+bx+c$ 的图像求解

下面利用二次函数 $y=ax^2+bx+c$ 的图像讨论一元二次不等式的解法.

例 2　已知二次函数 $y=x^2-x-6$.求当 x 取哪些值时：

（1）$y=0$；　　　（2）$y>0$；　　　（3）$y<0$.

解　先作出 $y=x^2-x-6$ 的图像（如图 1-11 所示），它与 x 轴相交于两点 $(-2,0)$ 和 $(3,0)$，这两点将 x 轴分成三段. 从图 1-11 中可以看出：

（1）当 $x=-2$ 或 $x=3$ 时，$y=0$；

（2）当 $x<-2$ 或 $x>3$ 时，$y>0$；

（3）当 $-2<x<3$ 时，$y<0$.

这就是说，$y=x^2-x-6$ 的图像与 x 轴有两个交点，即方程

$$x^2-x-6=0$$

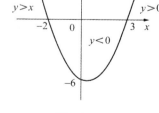

图　1-11

有两个不等的实根

$$x_1=-2, \quad x_2=3.$$

所以不等式 $x^2-x-6>0$ 的解集是 $(-\infty,-2)\bigcup(3,+\infty)$，

不等式 $x^2-x-6<0$ 的解集是 $(-2,3)$.

一般说来，一元二次方程 $ax^2+bx+c=0$ 可能有两个不相等的实根、两个相等的实根、

无实根三种情况.相应地,二次函数图像与 x 轴有

① 两个交点；

② 一个交点；

③ 无交点.

由此可分别求出一元二次不等式 $ax^2+bx+c>0$ 与 $ax^2+bx+c<0$ $(a>0)$ 的解,见表 1-1.

表　1-1

$\Delta=b^2-4ac$		$\Delta>0$	$\Delta=0$	$\Delta<0$
二次函数 $y=ax^2+bx+c$ $(a>0)$ 的图像				
一元二次方程 $ax^2+bx+c=0$ $(a>0)$ 的根		有两相异实根 $x_{1,2}=\dfrac{-b\pm\sqrt{b^2-4ac}}{2a}$, $x_1<x_2$	有两相等实根 $x_1=x_2=-\dfrac{b}{2a}$	没有实根
一元二次不等式的解集	$ax^2+bx+c>0$ $(a>0)$	$(-\infty,x_1)\cup(x_2,+\infty)$	$\left(-\infty,-\dfrac{b}{2a}\right)\cup\left(-\dfrac{b}{2a},+\infty\right)$	$\mathbf{R}$
	$ax^2+bx+c<0$ $(a>0)$	(x_1,x_2)	$\varnothing$	$\varnothing$

例3　解下列不等式：

(1) $x^2+4x+3>0$；　　　　　　　　(2) $-2x^2+3x+2\geqslant0$.

解　(1)因为

$$\Delta=b^2-4ac=16-12=4>0,$$

解方程 $x^2+4x+3=0$,得

$$x_1=-3,\quad x_2=-1,$$

所以不等式 $x^2+4x+3>0$ 的解集为 $(-\infty,-3)\cup(-1,+\infty)$.

(2) 原不等式两边同乘以 -1 后,得

$$2x^2-3x-2\leqslant0,$$

因为

$$\Delta=(-3)^2-4\times2\times(-2)=25>0,$$

解方程 $2x^2-3x-2=0$,得

$$x_1=2,\quad x_2=-\frac{1}{2},$$

所以不等式 $2x^2-3x-2\leqslant0$ 的解集为 $\left[-\dfrac{1}{2},2\right]$,

即原不等式 $-2x^2+3x+2\geqslant0$ 的解集为 $\left[-\dfrac{1}{2},2\right]$.

习 题 1-4

1. 解下列不等式:

 (1) $x^2+4x+7>0$;   (2) $-x^2+2x-3>0$;

 (3) $4x+15\leqslant x^2+2x$;   (4) $3x^2-7x+2\leqslant0$.

2. x 为何值时,函数 $y=2x^2-9x+7$ (1)大于零? (2)等于零? (3)小于零?

3. k 为何值时,方程 $x^2-(k+2)x+4=0$ 有相异实根?

第五节　分式不等式和绝对值不等式

一、分式不等式

分母中含有未知数的不等式叫做**分式不等式**.

例如, $\dfrac{5x+2}{x-3}\geqslant0$, $\dfrac{3x+2}{2x-4}\leqslant3$ 等都是分式不等式.

我们用一个例子来说明分式不等式的解法.

例 1 解不等式 $\dfrac{2x+1}{x-3}>1$.

解 移项,得

$$\frac{2x+1}{x-3}-1>0,$$

整理,得

$$\frac{x+4}{x-3}>0,$$

上述不等式可化为

$$\begin{cases}x+4>0,\\ x-3>0\end{cases}\tag{1}$$

或

$$\begin{cases}x+4<0,\\ x-3<0.\end{cases}\tag{2}$$

不等式组(1)的解集是

$$\{x\mid x>-4\}\bigcap\{x\mid x>3\}=\{x\mid x>3\}=(3,+\infty),$$

不等式组(2)的解集是

$$\{x\mid x<-4\}\bigcap\{x\mid x<3\}=\{x\mid x<-4\}=(-\infty,-4),$$

所以原不等式的解集是 $(-\infty,-4)\bigcup(3,+\infty)$.

二、绝对值不等式

绝对值符号内含有未知数的不等式叫做**绝对值不等式**.

例如，$|x+1|<2$，$|2x-5|\geqslant 6$ 等都是绝对值不等式.

我们先讨论两种最基本的含有绝对值的不等式 $|x|<a$ 和 $|x|>a$ $(a>0)$ 的解法.

引例 1.4　解不等式 $|x|<2$.

由绝对值的意义，$|x|<2$ 可转化为下面两个不等式组

$$\begin{cases} x\geqslant 0, \\ x<2 \end{cases} \tag{3}$$

或

$$\begin{cases} x<0, \\ -x<2. \end{cases} \tag{4}$$

不等式组(3)的解集是

$$\{x\,|\,0\leqslant x<2\},$$

不等式组(4)的解集是

$$\{x\,|-2<x<0\},$$

所以，不等式 $|x|<2$ 的解集是

$$\{x\,|\,0\leqslant x<2\}\bigcup\{x\,|-2<x<0\}=\{x\,|-2<x<2\}=(-2,2).$$

这说明：不等式 $|x|<2$ 的解集是数轴上与原点距离小于 2 的点所表示的实数组成的集合(如图 1-12 所示).

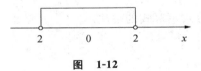

图　1-12

一般地，不等式 $|x|<a$ $(a>0)$ 的解集是 $\{x\,|-a<x<a\}$，用区间表示为 $(-a,a)$.

引例 1.5　解不等式 $|x|>2$.

解　类似地，将不等式 $|x|>2$ 化为下面两个不等式组

$$\begin{cases} x\geqslant 0, \\ x>2 \end{cases} \tag{5}$$

或

$$\begin{cases} x<0, \\ -x>2. \end{cases} \tag{6}$$

不等式组(5)的解集是

$$\{x\,|\,x>2\},$$

不等式组(6)的解集是

$$\{x\,|\,x<-2\}.$$

所以不等式 $|x|>2$ 的解集是

$$\{x\,|\,x>2\}\bigcup\{x\,|\,x<-2\}=(-\infty,-2)\bigcup(2,+\infty).$$

这说明：不等式 $|x|>2$ 的解集是数轴上与原点距离大于 2 的点所表示的实数组成的集合(如图 1-13 所示).

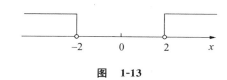

图　1-13

一般地,不等式$|x|>a\ (a>0)$的解集是$\{x\mid x<-a\}\bigcup\{x\mid x>a\}$,用区间可表示为
$$(-\infty,-a)\bigcup(a,+\infty).$$

对形如$|x-a|<b$和$|x-a|>b\ (b>0)$的绝对值不等式的求解,我们看下面两个例题.

例 2　解不等式$|2x-7|<5$.

解　原不等式去掉绝对值符号,得
$$-5<2x-7<5,$$
解得
$$1<x<6.$$
所以原不等式的解集为$(1,6)$.

　例 3　解不等式$|2x-3|\geqslant9$.

　解　原不等式去掉绝对值符号,得
$$2x-3\geqslant9\ \text{或}\ 2x-3\leqslant-9,$$
解上面两个不等式,得
$$x\geqslant6\ \text{或}\ x\leqslant-3,$$
所以原不等式的解集为$(-\infty,-3]\bigcup[6,+\infty)$.

习 题 1-5

1. 解下列不等式:

(1) $\dfrac{2x+3}{x-4}\leqslant0$;

(2) $\dfrac{2x-1}{3(x+1)}\geqslant1$;

(3) $\dfrac{1-3x}{x-2}<0$;

(4) $\dfrac{3x+1}{x-3}\geqslant1$.

2. 解下列不等式:

(1) $|5x-4|<6$;

(2) $|3-5x|<8$;

(3) $|2x-3|>2$;

(4) $3|x-2|-1>0$.

复 习 题 一

1. 判断题:

(1) $\{0\}\in\{0,2,4\}$;

(2) $0\in\varnothing$;

(3) $\{1,2,3\}=\{3,1,2\}$;

(4) 方程$x^2=4$的解集是$(-2,2)$;

(5) 对于两个集合A和B,如果$A=B$,则有$\complement_UA=\complement_UB$;

(6) 某班学习刻苦的人组成一个集合;

(7) 英文二十六个字母组成一个集合;

(8) $|x-5|>0$的解集是$x>5$;

(9) 如果 $A\cup B=A\cup C$，那么 $B=C$；

(10) 对于任意集合 A，都有 $A\subseteq A$.

2. 填空题：

 (1) 设 $U=\{1,3,5,7,9,11\}$，$A=\{1,3,9\}$，$B=\{5,7,11\}$，则 $\complement_U A=$ _____；$\complement_U B=$ _____；$A\cup B=$ _____；$A\cap B=$ _____；$\complement_U A\cup \complement_U B=$ _____；$\complement_U A\cap \complement_U B=$ _____；$\complement_U(A\cup B)=$ _____；$\complement_U(A\cap B)=$ _____.

 (2) 在下列各题中的 _____ 处，填上适当的符号：

  $\varnothing$ _____ $\{2\}$；a _____ $\{a\}$；$\{a,b\}$ _____ $\{a\}$；$A\cap \complement_U A$ _____ $A\cup \complement_U A$；

  $\varnothing$ _____ $\{0\}$；0 _____ $\varnothing$；$\{平行四边形\}$ _____ $\{菱形\}\cup\{矩形\}$.

 (3) 设 $A=\{x\,|-3<x\leqslant 6\}$，$B=\{x\,|-4<x<3\}$，则 $A\cap B=$ _____；$A\cup B=$ _____.

 (4) 设 $U=\{从-4到4的整数\}$，$M=\{3,4,0,-1\}$，$N=\{-3,-2,0,1\}$，则 $U\cap M=$ _____；$U\cup N=$ _____；$\complement_U M=$ _____；$\complement_U N=$ _____；$\complement_U(M\cap N)=$ _____.

 (5) 不等式 $x^2-1>0$ 的解集是 _____.

 (6) $\{2,4,6,8,10,12\}$ 用描述法表示是 _____.

 (7) 设 $A=\{x\,|x=2n,n\in\mathbf{Z}\}$，$B=\{x\,|x=2n-1,n\in\mathbf{Z}\}$，则 $A\cup B=$ _____；$A\cap B=$ _____.

 (8) 设点集 $M=\left\{(x,y)\,|y=\dfrac{1}{x}\right\}$，$N=\{(x,y)\,|x-4y=0\}$，则 $M\cap N=$ _____.

 (9) 设 $A=\{x\,|x^2+x-6<0\}$，$B=\{x\,|x^2-2x-3\leqslant 0\}$，求 $A\cup B$，$A\cap B$.

 (10) 满足 $\{3,5\}\subseteq A\subseteq\{1,3,5,7\}$ 条件的集合 A 分别是 _____.

3. 把下列集合用另一种表示法表示出来：

 (1) $\{1,3,5,7,9\}$；   (2) $\{从20到1000的自然数\}$；

 (3) $\{大于3且小于15的3的倍数\}$； (4) $A=\{x\,|x^2-2x-3=0\}$；

 (5) $\{-2,2\}$.

4. 解下列不等式：

 (1) $\dfrac{x-3}{x-2}>\dfrac{x-2}{x-1}$； (2) $2x^2<5x-2$； (3) $11x-5-2x^2\geqslant 0$.

5. x 取何值时，二次函数 $y=3x^2-7x+2$ (1) 等于零？(2) 大于零？(3) 小于零？

6. 已知 $ax^2+bx+c=0\ (a<0)$ 的根为 -2 和 1，求 $ax^2+bx+c\geqslant 0$ 的解集.

7. 设 U 为某工厂全体男、女职工组成的集合，$A=\{女职工\}$，$B=\{上夜班的职工\}$，试说出以下各集合表达的意思：

 (1) $A\cap B$；   (2) $\complement_U A\cap B$；

 (3) $A\cap \complement_U B$；   (4) $A\cup B$；

 (5) $\complement_U A\cup B$；   (6) $A\cup \complement_U B$；

 (7) $\complement_U(A\cap B)$；   (8) $\complement_U(A\cup B)$.

【数学史典故 1】

聪明在于学习 天才由于积累

——自学成才的华罗庚

一、华罗庚的一生

华罗庚是中国现代数学家.1910 年 11 月 12 日生于江苏省金坛县,1985 年 6 月 12 日在日本东京逝世.1924 年初中毕业后,在上海中华职业学校学习不到一年,因家贫辍学,刻苦自修数学.1930 年在《科学》上发表了关于代数方程式解法的文章,受到熊庆来的重视,被邀到清华大学工作,在杨武之指引下,开始了数论的研究.1934 年成为中华教育文化基金会研究员.1936 年,作为访问学者去英国剑桥大学工作.1938 年回国,受聘为西南联合大学教授.

华罗庚
(1910—1985)

1946 年,应苏联科学院邀请去苏联访问三个月.同年应美国普林斯顿高等研究所邀请任研究员,并在普林斯顿大学执教.1948 年开始,他被聘为伊利诺伊大学教授.1950 年回国,先后任清华大学教授,中国科学院数学研究所所长、数理化学部委员和学部副主任,中国科学技术大学数学系主任、副校长,中国科学院应用数学研究所所长,中国科学院副院长、主席团委员等职.还担任过多届中国数学学会理事长.此外,华罗庚还是第一、二、三、四、五届全国人民代表大会常务委员会委员和中国人民政治协商会议第六届全国委员会副主席.

华罗庚是在国际上享有盛誉的数学家,他的名字在美国施密斯松尼博物馆与芝加哥科技博物馆等著名博物馆中,与少数经典数学家列在一起.他被选为美国科学院国外院士,第三世界科学院院士,联邦德国巴伐利亚科学院院士,又被授予法国南锡大学、香港中文大学与美国伊利诺伊大学荣誉博士.

二、少年华罗庚的故事

在鱼米之香的江苏太湖西北,坐落着一个名叫金坛的小县城.城里有家只有一间门面的小杂货铺.这天,天空中飘着鹅毛大雪.柜台上,一个十来岁的孩子正埋着头写个不停.一位顾客走进店门,一边抖落身上的雪花,一边问:"多少钱一支笔?"

孩子头也不抬,脱口而出:"853729!"

"多少钱?"

"853729!"

顾客诧异地问道:"一支笔怎么值这么多钱?"

坐在柜台后面的孩子的父亲听见了,赶忙走出来招呼客人.可是,那位顾客一气之下竟扭头走了.原来,孩子回答的是他正在演算的一道数学题的答案,而不是顾客问的价钱.父亲火冒三丈,从儿子手里夺过书,大声训斥道:"不好好招呼顾客,整天看书有啥用?"孩子睁大了眼睛,惶恐地看着父亲.

"你还要吃饭吗？把这些'天书'都烧了！"说着，父亲就要烧书．

"让孩子学吧，也许能学出点名堂来呢！"母亲出来阻拦．

事实可不是"也许能学出点名堂"，以后他果真学出了大名堂．这个十来岁的孩子，就是后来成为我国数学大师的华罗庚．

幼年的华罗庚活泼好动，对许多事物充满好奇心，尤其爱"呆头呆脑"地琢磨数学题．初中毕业不久，由于家庭经济困难，华罗庚失学了，但他不屈从命运的安排．

通常，等买完货的顾客一走，他就埋头看书和演算．没有纸，他就用包棉花的废纸写字、算题．入迷时，鼻涕流下来，他也不知道，还在不停地算，不停地写．夜幕降临了，他给小店上了门板，胡乱吃几口饭，就赶忙点起小油灯，继续攻读起数学来．寒冬腊月，他仍然看书写字到深夜，手脚冻得冰冷发僵都全然不顾；酷暑季节，屋子里热得像蒸笼，他依旧挥汗如雨地读书，不停地演算．失学后，他一年四季每天坚持自学 10 个小时以上，有时候，一天只睡 4 个小时．

就这样，他一边在小店里干活，一边刻苦地、顽强地向命运挑战．他用 5 年时间自学了高中三年和大学的全部数学课程，为未来独立研究数论，打下了坚实的基础．

自学是艰难的，华罗庚却以顽强的毅力沿着这条崎岖小路向山顶攀登．有一次，他从一本杂志上看到了苏家驹教授的一篇论文，题目是《代数的五次方程式之解决》，发现这位教授的解法是不对的．他随即写了一篇《苏家驹之代数的五次方程解法不能成立之理由》的论文，邮寄给《科学》杂志，并在杂志上发表了．这年，他才 19 岁．

这篇著名论文，好比一颗光彩夺目的明珠，突然闪现于中国数学界．它的出现，标志着华罗庚这颗光芒四射的巨星，就要在中国和世界的数学天空升腾起来了．

华罗庚一生都是在国难中挣扎．他常说他的一生中曾遭遇三大劫难．首先是在他童年时，家贫，失学，患重病，腿残废．第二次劫难是在抗日战争期间，孤立闭塞，资料图书缺乏．第三次劫难是"文化大革命"，家被查抄，手稿散失，禁止他去图书馆，将他的助手与学生分配到外地等．在这等恶劣的环境下，要坚持工作，做出成就，需付出何等努力，需怎样坚强的毅力是可想而知的．

早在 20 世纪 40 年代，华罗庚已是世界数论界的领袖数学家之一．但他不满足，不停步，宁肯另起炉灶，离开数论，去研究他不熟悉的代数与复分析，这又需要何等的毅力和勇气！

华罗庚善于用几句形象化的语言将深刻的道理说出来．这些语言言简意深，富于哲理，令人难忘．早在在 20 世纪 30 年代，他就提出"天才在于积累，聪明在于勤奋"．

华罗庚从不隐讳自己的弱点，只要能求得学问，他宁肯暴露弱点．在他古稀之年去英国访问时，他把成语"不要班门弄斧"改成"弄斧必到班门"来鼓励自己．

1981 年，在淮南煤矿的一次演讲中，华罗庚指出："观棋不语非君子，互相帮助；落子有悔大丈夫，改正缺点．"意思是当你见到别人搞的东西有毛病时，一定要说，当你发现自己搞的东西有毛病时，一定要修正．这才是"君子"与"丈夫"．

在华罗庚第二次心肌梗死发病时，在医院中仍坚持工作．他指出："我的哲学不是生命尽量延长，而是尽量多做工作．"生病就该听医生的话，好好休息．但他这种顽强的精神还是可贵的．

总之，华罗庚的一切论述都贯穿着一个总的精神，那就是不断拼搏，不断奋进．

三、华罗庚的伟大成就

华罗庚是中国解析数论、矩阵几何学、典型群、自守函数论等多方面研究的创始人和开拓者. 在多复变函数论、偏微分方程、高维数值积分等广泛数学领域中都作出卓越贡献. 国际上以华氏命名的数学科研成果就有"华氏定理"、"怀依-华不等式"、"华氏不等式"、"普劳威尔-加当华定理"、"华氏算子"、"华-王方法"等. 他共发表专著与学术论文近三百篇.

华罗庚还根据中国实情与国际潮流,倡导应用数学与计算机研制. 他身体力行,亲自去 27 个省市普及应用数学方法长达 20 年之久,为经济建设作出了重大贡献.

（摘自人教版高中《数学》）

第二章 函 数

在科学技术、日常生活以及客观世界的许多现象与问题中,都存在着函数关系.同时函数也是进一步学习数学的重要基础.本章我们先介绍函数的概念,然后讨论函数的图像和性质及反函数的概念等.

第一节 函数的概念

一、函数的定义及记号

在工程技术及人们的日常生活中,往往有多个变量在变化着,这些变量并不是孤立地在变化,而是相互联系并遵循着一定的变化规律.为了揭示这些变量之间的联系以及它们所遵循的规律,我们先来看几个例子.

引例 2.1【匀速直线运动的位移】 物体做匀速直线运动的位移 s 和时间 t 的关系可表示为

$$s = vt.$$

引例 2.2【出租车计费标准】 某城市的出租车收费标准为起步价 10 元(含 3 千米),超过 3 千米后每千米计价 2 元,超过 10 千米后每千米计价 3 元,各运行区间不足 1 千米的按 1 千米计费,如表 2-1 所示.

表 2-1

里程 y	≤3 千米	3~10 千米	>10 千米
计费标准 x	10 元	2 元/千米	3 元/千米

以上两例均表达了两个变量之间的相依关系,当其中一个变量在某一数集内任意取一个值时,另一变量就依此关系有一确定的值与之对应.两个变量之间的这种关系称为函数关系.

在初中我们已学过常量、变量和函数的概念.现在我们用集合的观点来描述函数的定义:

设 D 是一个数集,如果对于 D 上变量 x 的每一个确定的数值,按照某个对应关系,变量 y 都有唯一确定的值和它对应,那么 y 就叫做定义在数集 D 上 x 的**函数**. x 叫做**自变量**.数集 D 叫做函数的**定义域**.当 x 取遍 D 中的一切数值时,对应的函数值的集合叫做函数的**值域**.

"y 是 x 的函数"可用记号 $y = f(x)$ 来表示.括号里的 x 表示自变量, f 表示 y 和 x 的对应关系.

函数的记号除 $f(x)$ 外,还常用 $F(x)$, $G(x)$, $\varphi(x)$ 等记号表示.特别是在同一问题中讨论几个不同的函数关系时,要用不同的函数记号来表示这些不同的函数.

当自变量 x 在定义域 D 内取定值 x_0 时,函数 $f(x)$ 的对应值可记为 $f(x_0)$.

例 1 设 $f(x)=x^2-2x-3$，求

(1) $f(0)$；　　(2) $f(2)$；　　(3) $f(-1)$；　　(4) $f(x_0)$；　　(5) $f\left(\dfrac{1}{a}\right)$.

解　(1) $f(0)=0^2-2\times0-3=-3$；

(2) $f(2)=2^2-2\times2-3=-3$；

(3) $f(-1)=(-1)^2-2\times(-1)-3=0$；

(4) $f(x_0)=x_0^2-2x_0-3$；

(5) $f\left(\dfrac{1}{a}\right)=\left(\dfrac{1}{a}\right)^2-2\left(\dfrac{1}{a}\right)-3=\dfrac{1}{a^2}-\dfrac{2}{a}-3$.

例 2 设 $\varphi(x)=\dfrac{|x+2|}{x^2-4}$，求：(1) $\varphi(0)$；　(2) $\varphi(3)$；　(3) $\varphi(a)$.

解　(1) $\varphi(0)=\dfrac{|0+2|}{0^2-4}=-\dfrac{1}{2}$；

(2) $\varphi(3)=\dfrac{|3+2|}{3^2-4}=1$；

(3) $\varphi(a)=\dfrac{|a+2|}{a^2-4}$，当 $a>-2$ 且 $a\neq2$ 时，$\varphi(a)=\dfrac{a+2}{a^2-4}=\dfrac{1}{a-2}$；当 $a<-2$ 时，$\varphi(a)=$

$\dfrac{-(a+2)}{a^2-4}=-\dfrac{1}{a-2}$.

从函数的定义可以知道，当函数的定义域和函数的对应关系确定后，这个函数就完全确定. 因此，通常把函数的定义域和函数的对应关系叫做**确定函数的两个要素**. 两个函数只有当它们的定义域和对应关系完全相同时，才能说这两个函数是相同的.

例如，函数 $y=x$ 和 $y=\sqrt{x^2}$，它们的定义域显然都是实数集 **R**，但因为

$$y=\sqrt{x^2}=|x|=\begin{cases}x, & x\geqslant0,\\ -x, & x<0.\end{cases}$$

显然，只有当 $x\geqslant0$ 时，它们的对应关系才相同，所以这两个函数在实数集上是不同的函数.

又如，函数 $y=x$ 与 $y=(\sqrt[4]{x})^4$ 中 $y=x$ 的定义域是 **R**，而 $y=(\sqrt[4]{x})^4$ 的定义域是 $\{x\mid x\geqslant0\}$，它们的定义域不同，所以这两个函数也是不同的函数.

再如，函数 $y=\sqrt[5]{x^5}$ 与 $y=x$，它们的定义域和对应关系都分别相同，所以它们是相同的两个函数.

二、函数的定义域

在研究函数时，首先要考虑函数的定义域. 在实际问题中，函数的定义域是根据具体问题的实际意义来确定的. 例如，圆的面积 S 与半径 r 之间的函数关系 $S=\pi r^2$，此函数的定义域 $r\in[0,+\infty)$.

如果是用数学式子来表示函数，那么函数的定义域就是使这个式子有意义的自变量取值的集合.

例 3 求下列各函数的定义域：

(1) $y=\dfrac{1}{3x-2}$；　　　　　　　　(2) $y=\sqrt{3x-1}+\sqrt{1-2x}+4$；

(3) $y=\dfrac{2}{3x}-\sqrt{4-x^2}$；　　　　　　(4) $y=\sqrt{4-x}-\dfrac{1}{x+2}$.

解 （1）要使函数 $y=\dfrac{1}{3x-2}$ 有意义，必须使 $3x-2\neq0$，解得

$$x\neq\frac{2}{3},$$

所以函数 $y=\dfrac{1}{3x-2}$ 的定义域为 $\left(-\infty,\dfrac{2}{3}\right)\bigcup\left(\dfrac{2}{3},+\infty\right)$.

（2）要使函数 $y=\sqrt{3x-1}+\sqrt{1-2x}+4$ 有意义，必须使 $\begin{cases}3x-1\geqslant0,\\1-2x\geqslant0\end{cases}$ 成立，解得

$$\frac{1}{3}\leqslant x\leqslant\frac{1}{2}.$$

所以函数 $y=\sqrt{3x-1}+\sqrt{1-2x}+4$ 的定义域为 $\left[\dfrac{1}{3},\dfrac{1}{2}\right]$.

（3）要使函数 $y=\dfrac{2}{3x}-\sqrt{4-x^2}$ 有意义，必须使 $\begin{cases}3x\neq0,\\4-x^2\geqslant0\end{cases}$ 成立，解得

$$\begin{cases}x\neq0,\\-2\leqslant x\leqslant2.\end{cases}$$

所以函数 $y=\dfrac{2}{3x}-\sqrt{4-x^2}$ 的定义域为 $[-2,0)\bigcup(0,2]$.

（4）要使函数 $y=\sqrt{4-x}-\dfrac{1}{x+2}$ 有意义，必须使 $\begin{cases}4-x\geqslant0,\\x+2\neq0\end{cases}$ 成立，解得 $\begin{cases}x\leqslant4,\\x\neq-2.\end{cases}$

所以函数 $y=\sqrt{4-x}-\dfrac{1}{x+2}$ 的定义域为 $(-\infty,-2)\bigcup(-2,4]$.

由上例可以看出，求由数学式子表示的函数定义域时，应注意如下几点：

（1）在分式函数中，分母不能为零；

（2）在根式函数中，负数不能开偶次方；

（3）在对数函数中，真数大于零；

（4）在三角函数和反三角函数中，要符合它们的定义域；

（5）在含有多个式子的函数中，应取各部分定义域的交集.

函数定义域可用不等式、集合或区间表示.本书今后主要用区间表示函数的定义域.

习 题 2-1

1. 设函数 $f(x)=2x-3$，$x\in\{0,1,2,3,4,5\}$，求 $f(0)$，$f(1)$，$f(2)$，$f(3)$，$f(4)$，$f(5)$和函数的值域.

2. 已知函数 $F(x)=\dfrac{x^2-4}{|x-2|}$，求 $F(3)$，$F\left(-\dfrac{1}{2}F\right)$，$F(a)$的值.

3. 设函数 $f(x)=x^3-10x^2+31x-30$，求证：

   （1）$f(5)=f(3)$；   （2）$f(-1)+6f(6)=0$.

4. （1）已知函数 $f(x)=x^4+1$，求证：$f(-a)=f(a)$；

   （2）已知函数 $g(x)=x^5-x^3$，求证：$g(-a)=-g(a)$.

5. 已知函数 $f(x)=ax+b$ 且 $f(2)=1$，$f(-1)=0$，求 a 与 b 的值.

6. 求下列函数的定义域：

   （1）$y=3x^2+\dfrac{1}{x-1}$；   （2）$y=\sqrt{5x+3}$；

   （3）$y=\sqrt[3]{x-2}$；   （4）$y=\sqrt{9-x^2}$；

(5) $y = \dfrac{1}{\sqrt{16-x^2}}$；

(6) $f(x) = \dfrac{1}{\sqrt{x^2+1}} + \dfrac{1}{\sqrt{(2x+1)^2}}$；

(7) $f(x) = \dfrac{\sqrt{x+1}}{x}$；

(8) $f(x) = \dfrac{x^3}{\sqrt{x^2-x-6}}$．

7. 下列每一组 $f(x)$ 与 $\varphi(x)$ 是否表示同一个函数？x 在哪个集合上它们才是相同的？

(1) $f(x) = -1$ 与 $\varphi(x) = \dfrac{|x|}{x}$；

(2) $f(x) = |x|$ 与 $\varphi(x) = (\sqrt{x})^2$；

(3) $f(x) = \sqrt{x+1}\,\sqrt{x-2}$ 与 $\varphi(x) = \sqrt{(x+1)(x-2)}$．

第二节　函数的图像和性质

一、函数的图像

我们知道，一次函数 $y = kx+b$ $(k \neq 0)$ 的图像是直线，二次函数 $y = ax^2 + bx + c$ $(a \neq 0)$ 的图像是抛物线，反比例函数 $y = \dfrac{k}{x}$ $(k \neq 0)$ 的图像是双曲线，它们可以用描点法作出来．

对一般的函数，它的图像就是在函数的定义域 D 内，满足函数关系式 $y = f(x)$ 的有序实数对在直角坐标平面内对应的点集，即 $\{(x,y) \mid y = f(x), x \in D\}$．

用描点法作函数的图像，就是在函数的定义域内给出一些 x 的值，求出对应的函数值，再以每一对 x,y 的值为坐标，在直角坐标平面内作出对应的点 $M(x,y)$，依次用光滑的曲线连接这些点，所成的图形就是函数 $y = f(x)$ 的图像．

例 1 作出下列函数的图像：

(1) $y = 2x+1$，$x \in \{-1, 0, 2, 4\}$；

(2) $y = \dfrac{1}{2}x+1$，$x \in [-1, 2]$；

(3) $y = \sqrt{x}$．

解 (1) 由函数 $y = 2x+1, x \in \{-1,0,2,4\}$ 可知，当 $x = -1$ 时，$y = -1$；当 $x = 0$ 时，$y = 1$；当 $x = 2$ 时，$y = 5$；当 $x = 4$ 时，$y = 9$．所以函数 $y = 2x+1, x \in \{-1,0,2,4\}$ 的图像仅有四个点 $(-1,-1), (0,1), (2,5), (4,9)$（如图 2-1 所示）．

(2) 函数 $y = \dfrac{1}{2}x+1, x \in [-1,2]$ 的图像是集合 $\left\{(x,y) \mid y = \dfrac{1}{2}x+1, x \in [-1,2]\right\}$ 所对应的如图 2-2 中的线段 AB．

(3) 函数 $y = \sqrt{x}$ 的定义域为 $[0, +\infty)$，描点 $(0,0)$，$(1,1)$，$(4,2)$．用光滑曲线连接即得如图 2-3 所示图像．

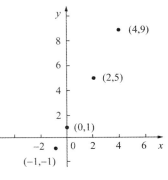

图　2-1

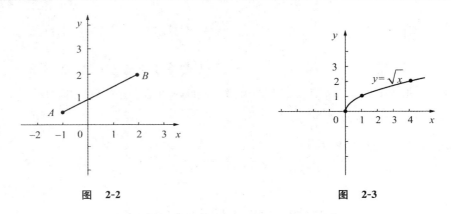

图   2-2   图   2-3

二、分段函数及其图像

在自变量的不同取值范围内，函数有不同的表达式，这样的函数叫**分段函数**.

引例2.3   讨论函数

$$y=\begin{cases} x, & x\in[0,1), \\ -x+2, & x\in[1,2), \\ x-2, & x\in[2,3] \end{cases}$$

的定义域，并作出它的图像.

解   显然已知函数的定义域是$[0,1)\cup[1,2)\cup[2,3]=[0,3]$.

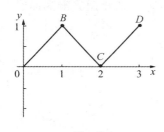

当$x\in[0,1)$时，函数表达式为$y=x$，其图像是不包含B点在内的线段OB；当$x\in[1,2)$时，函数表达式为$y=-x+2$，其图像是不包含C点在内的线段BC；当$x\in[2,3]$时，函数表达式为$y=x-2$，其图像是线段CD.

由以上讨论可知原函数的图像为折线段$OBCD$（如图 2-4 所示）.

在自变量的不同取值范围内，函数有不同的表达式，这样的函数叫**分段函数**.

图   2-4

引例 2.3 中的函数就是分段函数.

例2   作函数$y=\begin{cases} -x, & x\in[-2,0), \\ x^2, & x\in[0,2), \\ x+2, & x\in[2,4] \end{cases}$ 的图像.

解   此函数是分段函数，这个函数的定义域是$[-2,4]$. 当$x\in[-2,0)$时，函数表达式为

$$y=-x,$$

它的图像是不包含O点在内的线段AO.

当$x\in[0,2)$时，函数表达式为

$$y=x^2,$$

它的图像是不包含B点在内的抛物曲线OB.

当$x\in[2,4]$时，函数表达式为

$$y=x+2,$$

它的图像是线段BC.

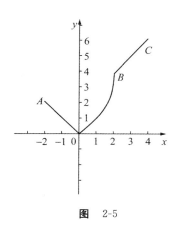

图 2-5

由以上讨论可知原函数的图像是如图 2-5 所示的折线段 $AOBC$.

例 3 作函数 $y=|x-2|$ 的图像.

解 函数的定义域为 $(-\infty,+\infty)$. 此函数可以化为

$$y=|x-2|=\begin{cases}2-x,\ x<2,\\x-2,\ x\geq2.\end{cases}$$

当 $x<2$ 时,函数表达式为

$$y=2-x,$$

它的图像是不含 B 点的射线 BA.

当 $x\geq2$ 时,函数表达式为

$$y=x-2,$$

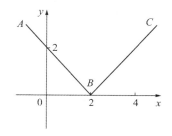

它的图像是射线 BC.

所以原函数的图像是如图 2-6 所示的折线 ABC.

图 2-6

三、函数的单调性和奇偶性

1. 函数的单调性

引例 2.4 如图 2-7 是我们熟悉的函数 $y=x^2$ 的图像. 在

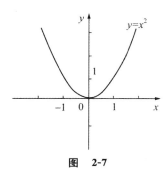

图 2-7

区间 $(0,+\infty)$ 上从左向右看,图像是上升的,即函数 y 的值随 x 值的增大而增大;在区间 $(-\infty,0)$ 上从左向右看图像是下降的,即函数 y 的值随 x 值的增大而减小.

一般地,给出下面定义:

设函数 $f(x)$ 的定义域为 $D,(a,b)\subseteq D$,在 (a,b) 内任取 x_1,x_2(不妨设 $x_1<x_2$),如果 $f(x_1)<f(x_2)$,则称函数 $f(x)$ 在 (a,b) 内**单调增加**(如图 2-8(1) 所示);如果 $f(x_1)>f(x_2)$,则称函数 $f(x)$ 在 (a,b) 内**单调减少**(如图 2-8(2) 所示).

单调增加或单调减少的函数称为单调函数,函数在区间 (a,b) 内增加或减少的性质,称为函数的**单调性**. 区间 (a,b) 称为函数的**单调区间**.

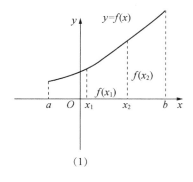

(1)

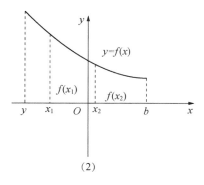

(2)

图 2-8

在单调区间上，单调增加函数的图像沿 x 轴正向是上升的，单调减少函数的图像沿 x 轴正向是下降的．

应当注意：有的函数在整个定义域内不一定是单调的，常常在某些局部区间内是单调的．

引例 2.4 中的函数 $y=x^2$ 在 $(-\infty,0)$ 内是单调减少的，在 $(0,+\infty)$ 内是单调增加的，而在定义域 $(-\infty,+\infty)$ 内不是单调函数（如图 2-7 所示）．

例 4　判断函数 $f(x)=-2x+3$ 在区间 $(-\infty,+\infty)$ 内的单调性．

解　设任意 $x_1\in(-\infty,+\infty)$，$x_2\in(-\infty,+\infty)$，且 $x_1<x_2$，因为

$$f(x_1)=-2x_1+3,\quad f(x_2)=-2x_2+3,$$

所以

$$f(x_2)-f(x_1)=(-2x_2+3)-(-2x_1+3)=2(x_1-x_2).$$

由 $x_1<x_2$ 知

$$x_1-x_2<0,$$

所以

$$f(x_2)<f(x_1).$$

因此函数 $y=-2x+3$ 在 $(-\infty,+\infty)$ 内是单调减少的．

2. 函数的奇偶性

由图 2-7 看到，函数 $f(x)=x^2$ 的图像是关于 y 轴对称的，当自变量 x 取一对相反数时，

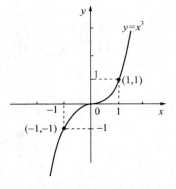

图　2-9

得到的函数值相同．例如 $f(1)=1^2=1$，$f(-1)=(-1)^2=1$，即 $f(1)=f(-1)=1$．由于 $(-x)^2=x^2$，因此 $f(-x)=f(x)$．这时我们称函数 $f(x)=x^2$ 是偶函数．

由图 2-9 看到，函数 $f(x)=x^3$ 的图像是关于原点对称的，当自变量 x 取一对相反数时，函数值也得到一对相反数．例如 $f(1)=1^3=1$，$f(-1)=(-1)^3=-1$，由于 $(-x)^3=-x^3$，因此 $f(-x)=-f(x)$．这时，我们称函数 $f(x)=x^3$ 是奇函数．

一般地，在函数 $y=f(x)$ 中，如果对于函数定义域内的任意一个 x，都有 $f(-x)=-f(x)$，则称函数 $f(x)$ 为**奇函数**；如果都有 $f(-x)=f(x)$，则称函数 $f(x)$ 为**偶函数**．既不是奇函数也不是偶函数的函数称为**非奇非偶函数**．

奇函数和偶函数的图像有下面的性质：奇函数的图像关于原点对称（如图 2-10 所示）；偶函数的图像关于 y 轴对称（如图 2-11 所示）．

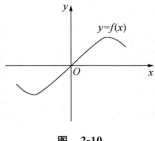

图　2-10

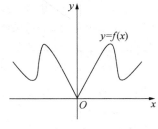

图　2-11

例 5 判断下列函数的奇偶性：

(1) $f(x)=x^3+\dfrac{2}{x}$； (2) $f(x)=x^4+3x^2-|x|$；

(3) $f(x)=x^2+x-5$； (4) $f(x)=\sqrt{x^3}$.

解 (1) $f(x)=x^3+\dfrac{2}{x}$ 的定义域 D 为 $(-\infty,0)\bigcup(0,+\infty)$，对于任意的 $x\in D$，有

$$f(-x)=(-x)^3+\dfrac{2}{-x}=-\left(x^3+\dfrac{2}{x}\right)=-f(x)，$$

所以函数 $f(x)=x^3+\dfrac{2}{x}$ 是奇函数.

(2) $f(x)$ 的定义域 D 为 $(-\infty,+\infty)$，对于任意的 $x\in D$，有

$$f(-x)=(-x)^4+3(-x)^2-|-x|=x^4+3x^2-|x|=f(x)，$$

所以函数 $f(x)=x^4+3x^2-|x|$ 是偶函数.

(3) $f(x)$ 的定义域 D 为 $(-\infty,+\infty)$，对于任意的 $x\in D$，有

$$f(-x)=(-x)^2+(-x)-5=x^2-x-5，$$

可以看出，$f(x)$ 既不等于 $-f(x)$，也不等于 $f(x)$，所以函数 $f(x)=x^2+x-5$ 是非奇非偶函数.

(4) $f(x)$ 的定义域 D 为 $[0,+\infty)$，对于任意的 $x\in D$，$-x\notin D$，$f(-x)$ 不存在，所以 $f(x)=\sqrt{x^3}$ 是非奇非偶函数.

根据上述定义，结合图形和例题可以看出：

① 无论是奇函数还是偶函数，它们的定义域一定关于原点对称.

② 奇函数的图像关于原点对称；偶函数的图像关于 y 轴对称；非奇非偶函数的图像既不关于原点对称，也不关于 y 轴对称.

因此，作奇函数或偶函数的图像时，可以先作出图像在 y 轴右侧的那一部分，然后利用对称性再作出图像在 y 轴左侧的那一部分.

例 6 设 $f(x)$ 是奇函数，$g(x)$ 是偶函数，求证：$f(x)g(x)$ 是奇函数.

证明 因为 $f(x)$ 是奇函数，$g(x)$ 是偶函数，所以有

$$f(-x)=-f(x)，\quad g(-x)=g(x)，$$

令 $F(x)=f(x)g(x)$，则有

$$F(-x)=f(-x)g(-x)=-f(x)g(x)=-F(x)，$$

所以 $f(x)g(x)$ 为奇函数.

习 题 2-2

1. 作下列函数的图像：

(1) $y=2x$，$x\in\{-2,-1,0,1,2\}$； (2) $y=2x-1$，$x\in\{x\mid-1<x<1\}$；

(3) $y=|x|$，$x\in\mathbf{R}$； (4) $y=\dfrac{2}{x}$，$x\in\{x\mid 1<x<4\}$；

(5) $y=2x^2-3x-2$，$x\in\mathbf{R}$； (6) $f(x)=\begin{cases}x-2, & x\leqslant-1,\\ x^2, & -1<x<2,\\ 2x, & x\geqslant2.\end{cases}$

2. 证明函数 $y=-\dfrac{1}{x^2}$ 在 $(-\infty,0)$ 内是单调减少函数.

3. 判断下列函数的奇偶性：

(1) $f(x) = x^{\frac{1}{3}} + x$；

(2) $f(x) = x^2 - 2x + 1$；

(3) $f(x) = \sqrt{x^{-2} + x^4}$；

(4) $f(x) = x^{-2} + \dfrac{1}{x}$.

4. 设函数

$$f(x) = \begin{cases} x+1, & x \leqslant 0, \\ (x-1)^2, & 0 < x < 2, \\ x-1, & x \geqslant 2, \end{cases}$$

求 $f(2)$，$f(-3)$，$f(1)$ 及 $f(\sqrt{5})$ 的值.

第三节   反 函 数

一、反函数的定义

在函数的定义中有两个变量，一个是自变量，一个是自变量的函数. 但在实际问题中，究竟把哪一个变量作为自变量是根据实际需要决定的.

引例 2.5   物体做匀速直线运动，位移为 $s = vt$，此时，s 是 t 的函数，其中速度 v 是常量. 反过来，也可以由位移 s 和速度 v（常量）确定物体做匀速直线运动的时间，即 $t = \dfrac{s}{v}$，这时位移 s 是自变量，时间 t 是位移 s 的函数.

一般地，设函数 $y = f(x)$，其定义域为 D，值域为 M. 如果对于任一 $y \in M$，都可由关系式 $y = f(x)$ 确定唯一的 x 值（$x \in D$）与之对应，那么就确定了一个以 y 为自变量的函数 $x = \varphi(y)$，我们把它称为函数 $y = f(x)$ 的**反函数**. 记为 $x = f^{-1}(y)$，它的定义域为 M，值域为 D.

例如，函数 $y = 5x - 1$，从中解出 $x = \dfrac{1}{5}(y+1)$ 就是函数 $y = 5x - 1$ 的反函数.

但习惯上常用 x 表示自变量，y 表示函数，为此互换函数式 $x = f^{-1}(y)$ 中的字母 x, y，把它改写成 $y = f^{-1}(x)$，如前面例子中函数 $y = 5x - 1$ 的反函数为 $y = \dfrac{1}{5}(x+1)$.

如无特殊说明，今后本书中的反函数均指这种改写后的反函数.

例 1   求下列函数的反函数：

(1) $y = 1 + x^3$；

(2) $y = \dfrac{x}{x+1}$.

解   (1) 由 $y = 1 + x^3$，解得

$$x = \sqrt[3]{y - 1},$$

因此函数 $y = 1 + x^3$ 的反函数为 $y = \sqrt[3]{x - 1}$.

(2) 由 $y = \dfrac{x}{x+1}$，解得

$$x = \dfrac{y}{1 - y},$$

因此函数 $y = \dfrac{x}{x+1}$ 的反函数为 $y = \dfrac{x}{1-x}$.

由以上例子可以得出，函数 $y = f(x)$ 与 $y = f^{-1}(x)$ 互为反函数.

应当注意,不是每个函数在其定义域内都有反函数,只有当函数的反对应关系是单值时它才有反函数.如函数 $y=x^2$,定义域为 $(-\infty,+\infty)$.由表达式解得 $x=\pm\sqrt{y}$,说明这个函数的反对应关系不是单值的,所以函数 $y=x^2$ 在定义域 $(-\infty,+\infty)$ 上没有反函数,但是若限定 $x\in(-\infty,0)$ 时,讨论函数 $y=x^2$,这时反对应关系为 $x=-\sqrt{y}$ 是单值的,所以有反函数 $y=-\sqrt{x}$.

二、互为反函数的函数图像间的关系

引例 2.6 求函数 $y=2x-1$ 的反函数,并在同一平面直角坐标系中作出它们的图像.

解 由 $y=2x-1$,解得

$$x=\frac{y+1}{2},$$

因此函数 $y=2x-1$ 的反函数为

$$y=\frac{x+1}{2}.$$

如图 2-12 是函数 $y=2x-1$ 和它的反函数 $y=\dfrac{x+1}{2}$ 的图像.

从图 2-12 中可以看到函数 $y=2x-1$ 和它的反函数 $y=\dfrac{x+1}{2}$ 的图像关于直线 $y=x$ 对称.

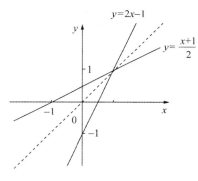

图　2-12

一般地,函数 $y=f(x)$ 的图像与其反函数 $y=f^{-1}(x)$ 的图像关于直线 $y=x$ 对称.

今后我们也可以利用上述互为反函数的函数图像间的关系,由函数 $y=f(x)$ 的图像作出其反函数 $y=f^{-1}(x)$ 的图像.

例 2 求函数 $y=x^3$ 的反函数,并在同一坐标系内利用 $y=x^3$ 的图像作出其反函数的图像.

解 由 $y=x^3$ 得

$$x=\sqrt[3]{y},$$

因此函数 $y=x^3$ 的反函数为 $y=\sqrt[3]{x}$.

由于函数 $y=x^3$ 与其反函数 $y=\sqrt[3]{x}$ 的图像关于直线 $y=x$ 对称,所以可先画出 $y=x^3$ 的图像,再画直线 $y=x$.根据其对称性可画出 $y=\sqrt[3]{x}$ 的图像(如图 2-13 所示).

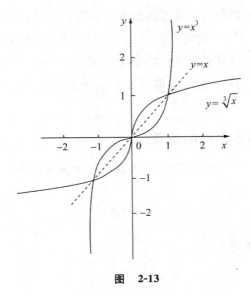

图   2-13

习 题 2-3

1. 下列函数是否有反函数？如果有,将它写出来,并指出定义域:

(1) $y=x^2-1$, $x\in(-\infty,+\infty)$;   (2) $y=x^2+5$, $x\in[0,+\infty)$;

(3) $y=|x|$, $x\in(-\infty,+\infty)$;   (4) $y=|x|$, $x\in(-\infty,0]$.

2. 求下列函数的反函数,并在同一平面直角坐标系内作出它们的图像:

(1) $y=2x+7$;   (2) $y=\frac{1}{2}x^3$;

(3) $y=\frac{2}{x}$.

3. 已知 $y=2x-1,x\in\{0,1,2,3,4\}$.求它的反函数 $y=f^{-1}(x)$,并在同一坐标系内作出它们的图像.

4. 求证:函数 $y=\frac{1-x}{1+x}$ $(x\neq-1)$的反函数就是其本身.然后说明这个函数的图像关于直线 $y=x$ 具有什么特点.

复 习 题 二

1. 填空题:

(1) 函数 $y=\sqrt{x^2-9}+\frac{1}{x-4}$ 的定义域是_____.

(2) 若 $f(x)=2x-3,x\in\{-1,0,1,2\}$,则其值域是_____.

(3) 若 $f(x)=2x+1$,则 $f(x^2+1)=$_____,$f[f(x)]=$_____.

(4) 已知 $f(x)=ax^3+bx+10$,其中 a,b 为常数,且 $f(1)=5$,则 $f(-1)=$_____.

(5) 函数 $y=x^2-1$ 在区间_____内单调增加,在区间_____内单调减少.其图像关于_____对称.

(6) 设 $f(x)=\begin{cases}-1, & x\in\mathbf{Z}^+, \\ 0, & x\in\mathbf{Z}^-, \\ 1, & x\in\{0\}.\end{cases}$ 则其定义域 D 为_____,值域 M 为_____.

2. 选择题：

(1) 已知 $f(x)=-\pi$,则 $f(\pi^2)=($).

A. π^2 B. $-\pi^2$ C. π D. $-\pi$

(2) 函数 $f(x)=\dfrac{2x+1}{4x+3}$ $(x\in \mathbf{R}$ 且 $x\neq -\dfrac{3}{4})$,则 $f^{-1}(2)=($).

A. $-\dfrac{5}{6}$ B. $\dfrac{5}{11}$ C. $\dfrac{2}{5}$ D. $-\dfrac{2}{5}$

(3) 下列函数中是奇函数且在定义域内单调增加的是( ).

A. $y=-x$ B. $y=\sqrt{x}$ C. $y=x^2$ D. $y=x^3$

(4) 在下列函数中,图像与 $y=x^3+2$ 的图像关于 y 轴对称的是( ).

A. $y=-x^3+2$ B. $y=x^3-2$ C. $y=-x^3-2$ D. 以上均不对

(5) 函数 $y=x^2$ $(x\geqslant 0)$ 的反函数是( ).

A. $y=\pm\sqrt{x}$ B. $y=-\sqrt{x}$ C. $y=\sqrt{x}$ D. $y=\sqrt{-x}$

(6) 函数 $y=\sqrt{1-x^2}+\dfrac{1}{2x+1}$ 的定义域是( ).

A. $\left(-\infty,-\dfrac{1}{2}\right)\cup\left(-\dfrac{1}{2},+\infty\right)$ B. $\left[-1,\dfrac{1}{2}\right]$

C. $\left[-1,-\dfrac{1}{2}\right)\cup\left(-\dfrac{1}{2},1\right]$ D. $(-1,1)$

(7) 下列各组函数中的两个函数,相同的是( ).

A. $y=\dfrac{x}{x}$ 与 $y=1$ B. $y=\dfrac{|x|}{x}$ 与 $y=\sqrt{x^2}$

C. $y=x$ 与 $y=(\sqrt{x})^2$ D. $y=x$ 与 $y=\sqrt[5]{x^5}$

(8) 函数 $y=\dfrac{2x-1}{3x-2}$ 的值域是( ).

A. $\left(-\infty,-\dfrac{1}{2}\right)$ B. $\left(\dfrac{1}{2},+\infty\right)$

C. $\left(\dfrac{1}{2},\dfrac{2}{3}\right)$ D. $\left(-\infty,\dfrac{2}{3}\right)\cup\left(\dfrac{2}{3},+\infty\right)$

3. 设 $f(x)=\dfrac{|x-4|}{x^2-16}$,求 $f(a)$ 的值.

4. 求下列函数的定义域：

(1) $y=\dfrac{1}{1+x}+\sqrt{-x}+\sqrt{x+5}$; (2) $y=\dfrac{6x}{x^2+3x+2}$;

(3) $y=\dfrac{1}{\sqrt{4-3x-x^2}}$.

5. 已知函数 $f(x)=3x+1,g(x)=x^2$,求 $f\left(\dfrac{1}{3}\right);f(\sqrt{2})$ 及满足 $f[g(x)]=g[f(x)]$ 的 x 的值.

6. 设 $y=\sqrt{1-x^2},x\in[-1,0]$,求其反函数.

7. 作下列函数的图像：

(1) $f(n)=\dfrac{1+(-1)^n}{2}$, $n\in \mathbf{N}$; (2) $y=-3x+2$, $x\in[-1,2]$;

(3) $y=\dfrac{1}{2}x-1$，　$x\in\{10$ 以下的质数$\}$；　　　(4) $y=|x+1|$，　$x\in\{x\mid|x|\leqslant2\}$；

(5) $f(x)=\begin{cases}-x-1, & x\in(-\infty,-1], \\ 1-x^2, & x\in(-1,1], \\ \dfrac{1}{2}(1-x), & x\in(1,4].\end{cases}$

8. 判断下列函数的奇偶性：

(1) $f(x)=2x-\sqrt[3]{x}$；　　　　　　　　(2) $f(x)=x^2+\sqrt{5x}$；

(3) $f(x)=5x^2+2|x|-3$.

9. 设正方体的全面积为 x，试求出正方体的体积 V 与全面积之间的函数关系.

10. 按供电部门规定，当每月用电不超过 2000 度时，每度电按 0.22 元收费；当用电超过 2000 度但不足 4000 度时，超过的部分每度电按 0.50 元收费；当用电达到 4000 度时停止供电.

(1) 建立每月电费 G 与用电量 W 之间的函数关系 $G=f(W)$；

(2) 求此函数的定义域和值域；

(3) 求 $f(1000)$ 和 $f(3000)$ 的值.

【数学史典故 2】

函数的由来

"函数"一词最初是由德国的数学家莱布尼茨在 17 世纪首先采用的，当时莱布尼茨用"函数"这一词来表示变量 x 的幂，即 $x^2,x^3,\cdots$. 接下来莱布尼茨又将"函数"这一词用来表示曲线上的横坐标、纵坐标、切线的长度、垂线的长度等所有与曲线上的点有关的变量. 就这样，"函数"这词逐渐盛行.

在中国，古时候的人将"函"字与"含"字通用，都有着"包含"的意思，清代数学家、天文学家、翻译家和教育家李善兰给出的定义是："凡式中含天，为天之函数."中国的古代人还用"天、地、人、物"4 个字来表示 4 个不同的未知数或变量. 显然，在李善兰的这个定义中，凡是公式中含有变量 x，则该式子叫做 x 的函数. 这样，在中国，"函数"是指公式里含有变量的意思.

瑞士数学家雅科布·贝努利给出了和莱布尼茨相同的函数定义. 1718 年，雅科布·贝努利的弟弟约翰·贝努利给出了函数如下的定义：由任一变数和常数的任意形式所构成的量叫做这一变数的函数. 换句话说，由 x 和常量所构成的任一式子都可称之为关于 x 的函数.

1775 年，欧拉把函数定义为："如果某些变量以某一种方式依赖于另一些变量，即当后面这些变量变化时，前面这些变量也随着变化，我们把前面的变量称为后面变量的函数."由此可以看到，从莱布尼茨到欧拉所引入的函数概念，都还是和解析表达式、曲线表达式等概念纠缠在一起.

法国数学家柯西引入了新的函数定义："在某些变数间存在着一定的关系，当一经给定其中某一变数的值，其他变数的值也可随之而确定时，则将最初的变数称为'自变数'，其他各变数则称为'函数'."在柯西的定义中，首先出现了"自变数"一词.

1834 年，俄国数学家罗巴契夫斯基进一步提出函数的定义："x 的函数是这样的一个数，它对于每一个 x 都有确定的值，并且随着 x 一起变化. 函数值可以由解析式给出，也可以由一个条件给出，这个条件提供了一种寻求全部对应值的方法. 函数的这种依赖关系可以存在,但仍然是未知的."这个定义指出了对应关系,即条件的必要性,利用这个关系可求出每一个 x 的对应值.

1837 年德国数学家狄里克雷认为怎样去建立 x 与 y 之间的对应关系是无关紧要的,所以他的定义是:"如果对于 x 的每一个值,y 总有一个完全确定的值与之对应,则 y 是 x 的函数."

德国数学家黎曼引入了函数的新定义:"对于 x 的每一个值,y 总有完全确定了的值与之对应,而不拘建立 x,y 之间的对应方法如何,均将 y 称为 x 的函数."

从上面函数概念的演变过程,我们可以知道,函数的定义必须抓住函数的本质属性,变量 y 称为 x 的函数,只需有一个法则存在,使得这个函数取值范围中的每一个值,有一个确定的 y 值和它对应就行了,不管这个法则是公式、图像、表格还是其他形式.

由此,就有了我们课本上的函数的定义:一般地,在一个变化过程中,如果有两个变量 x 与 y,并且对于 x 的每一个确定的值,y 都有唯一确定的值与其对应,那么我们就说 x 是自变量,y 是 x 的函数.

(摘自《读写算:中考版》2008 年第 7 期,作者:刘顿)

第三章 幂函数、指数函数与对数函数

本章将在函数概念的基础上,讨论幂函数、指数函数和对数函数的概念、图像和性质.

第一节 分数指数幂 幂函数

一、n 次根式

在初中我们学过如果一个数的平方等于 a,那么这个数叫做 a 的平方根;一个数的立方等于 a,那么这个数叫做 a 的立方根. 一般地,如果

$$x^n = a \ (n > 1, n \in \mathbf{N}),$$

则 x 叫做 a 的 **n 次方根**. 求 a 的 n 次方根的运算叫做 a **开 n 次方**. a 叫**被开方数**,n 叫**根指数**.

与平方根的情况一样,正数 a 的偶次方根有两个. 它们互为相反数,分别表示为 $\sqrt[n]{a}$,$-\sqrt[n]{a}$(n 为偶数). 负数的偶次方根没有意义. 如 16 的四次方根有两个,2 和 -2;-16 的四次方根没有意义.

与立方根的情况一样,正数 a 的奇次方根是一个正数,负数 a 的奇次方根是一个负数,都表示为 $\sqrt[n]{a}$(n 为奇数). 如 32 的五次方根是 2,即 $\sqrt[5]{32} = 2$;-1 的 7 次方根是 -1,即 $\sqrt[7]{-1} = -1$.

正数 a 的正 n 次方根 $\sqrt[n]{a}$ 叫做 a 的 n **次算术根**. 当 $\sqrt[n]{a}$ 有意义时,$\sqrt[n]{a}$ 叫做 n **次根式**,n 叫做**根指数**.

根据 n 次根式的定义,n 次根式具有性质:

(1) $(\sqrt[n]{a})^n = a$;

(2) 当 n 为奇数时,$\sqrt[n]{a^n} = a$;

(3) 当 n 为偶数时,$\sqrt[n]{a^n} = |a| = \begin{cases} a & (a \geqslant 0), \\ -a & (a < 0). \end{cases}$

例 1 求下列各根式的值:

(1) $\sqrt[5]{-32}$;　　　　　　　　　　(2) $\sqrt[4]{16}$;

(3) $\sqrt{(-7)^2}$;　　　　　　　　　　(4) $\sqrt[3]{(-1)^5}$.

解 (1) 因为 $(-2)^5 = -32$,所以 $\sqrt[5]{-32} = -2$.

(2) 因为 $2^4 = 16$,所以 $\sqrt[4]{16} = 2$.

(3) $\sqrt{(-7)^2} = \sqrt{49} = 7$.

(4) 因为 $(-1)^5 = -1$,$(-1)^3 = -1$,所以 $\sqrt[3]{(-1)^5} = \sqrt[3]{-1} = -1$.

例 2 计算:

(1) $\sqrt[3]{-\dfrac{1}{27}}$;　　　　　　　　(2) $\sqrt{9a^4 b^2} \ (a > 0, b > 0)$.

解　（1）$\sqrt[3]{-\dfrac{1}{27}}=\sqrt[3]{-\left(\dfrac{1}{3}\right)^3}=-\dfrac{1}{3}$.

（2）因为 $a>0,b>0$，所以 $\sqrt{9a^4b^2}=\sqrt{(3a^2b)^2}=3a^2b$.

二、分数指数幂的概念和运算

在初中，我们学过了整数幂的概念及其运算法则. 其法则如下：

（1）$a^m \cdot a^n = a^{m+n}$；

（2）$(a^m)^n = a^{mn}$；

（3）$\dfrac{a^m}{a^n} = a^{m-n}\ (m>n,a\neq 0)$；

（4）$(ab)^m = a^m b^m$.

我们规定

$$a^{\frac{m}{n}} = \sqrt[n]{a^m} \quad (m,n\in \mathbf{N}, a>0),$$

$$a^{-\frac{m}{n}} = \frac{1}{a^{\frac{m}{n}}} = \frac{1}{\sqrt[n]{a^m}} \quad (m,n\in \mathbf{N}, a>0).$$

这样就把整数指数幂推广到了分数指数幂. 分数指数幂和整数指数幂的运算法则完全相同. 如

$$4^{\frac{1}{2}} = \sqrt{4} = 2, \quad 8^{\frac{2}{3}} = \sqrt[3]{8^2} = \sqrt[3]{2^6} = 4, \quad 9^{-\frac{1}{2}} = \frac{1}{9^{\frac{1}{2}}} = \frac{1}{3}.$$

可以运用运算法则进行幂的运算. 例如

$$64^{\frac{1}{3}} = (4^3)^{\frac{1}{3}} = 4;$$

$$(0.001)^{-\frac{2}{3}} = (0.1^3)^{-\frac{2}{3}} = 0.1^{-2} = 100.$$

例3　化简：

（1）$\left(\dfrac{1}{4}a^2 b^{\frac{1}{3}}\right)\left(\dfrac{5}{3}a^{\frac{1}{2}} b^{-\frac{2}{3}}\right)\left(\dfrac{3}{5}a^{-2} b^{-\frac{1}{2}}\right)$；
（2）$\sqrt{x\sqrt{x\sqrt{x}}}\div \sqrt[8]{x^7}$.

解　（1）原式 $=\left(\dfrac{1}{4}\times\dfrac{5}{3}\times\dfrac{3}{5}\right)a^{2+\frac{1}{2}-2}b^{\frac{1}{3}-\frac{2}{3}-\frac{1}{2}}=\dfrac{1}{4}a^{\frac{1}{2}}b^{-\frac{5}{6}}$.

（2）原式 $=\left[x\left(x\cdot x^{\frac{1}{2}}\right)^{\frac{1}{2}}\right]^{\frac{1}{2}}\div x^{\frac{7}{8}}=x^{\frac{1}{2}}\cdot x^{\frac{1}{4}}\cdot x^{\frac{1}{8}}\div x^{\frac{7}{8}}=x^{\frac{1}{2}+\frac{1}{4}+\frac{1}{8}-\frac{7}{8}}=x^0=1$.

三、幂函数

在初中，我们学过函数 $y=x$，$y=x^2$ 和 $y=x^{-1}$，这些函数都是幂的形式，且幂的底数是变量，指数是常量.

一般地，函数 $y=x^a$ 叫做**幂函数**. 其中常数 $a\in \mathbf{R}$. 本书仅讨论 a 是有理数的情形.

例如，$y=x$，$y=x^2$，$y=x^3$，$y=x^{-1}$，$y=x^{-2}$，$y=x^{\frac{1}{2}}$，$y=x^{-\frac{1}{2}}$ 等都是幂函数. 考察它们的定义域，可以知道：幂函数的定义域与常数 a 有关.

四、幂函数的图像和性质

幂函数 $y=x^a$ 的图像和性质也与 a 有关. 下面分 $a>0$ 和 $a<0$ 两种情况讨论.

1. 当 $a>0$ 时的情况

如图 3-1 所示，我们分别画出了函数 $y=x$，$y=x^2$，$y=x^3$，$y=x^{\frac{1}{2}}$ 的图像.

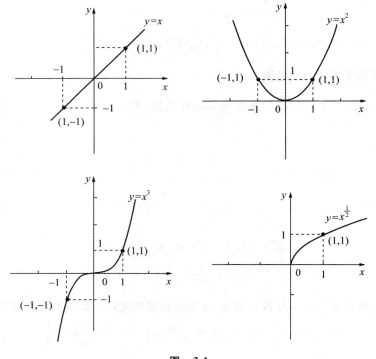

图　3-1

由这些图像我们得出，当 $a>0$ 时，幂函数 $y=x^a$ 有下列共同性质：

(1) 图像都经过原点 $(0,0)$ 和点 $(1,1)$；

(2) 在区间 $(0,+\infty)$ 内函数是单调增加的.

例 4　比较下列各组中两个值的大小：

(1) $2.3^{\frac{2}{3}}$ 与 $2.8^{\frac{2}{3}}$；　　　　　　　　(2) $0.73^{\frac{4}{3}}$ 与 $0.67^{\frac{4}{3}}$.

解　(1) $2.3^{\frac{2}{3}}$ 和 $2.8^{\frac{2}{3}}$ 可以看成是函数 $y=x^{\frac{2}{3}}$ 分别在 $x=2.3$ 和 $x=2.8$ 时对应的函数值.由幂函数 $y=x^a(a>0)$ 的性质(2)，可知

$$2.3^{\frac{2}{3}}<2.8^{\frac{2}{3}}.$$

(2) $0.73^{\frac{4}{3}}$ 和 $0.67^{\frac{4}{3}}$ 可以看成是函数 $y=x^{\frac{4}{3}}$ 分别在 $x=0.73$ 和 $x=0.67$ 时对应的函数值.由幂函数 $y=x^a(a>0)$ 的性质(2)，可知

$$0.73^{\frac{4}{3}}>0.67^{\frac{4}{3}}.$$

2. 当 $a<0$ 时的情况

如图 3-2 所示，我们分别画出了函数 $y=x^{-1}$，$y=x^{-2}$ 和 $y=x^{-\frac{1}{2}}$ 的图像.

由这些图像我们得出，当 $a<0$ 时，幂函数 $y=x^a$ 有下列共同性质：

(1) 图像都经过点 $(1,1)$；

(2) 在区间 $(0,+\infty)$ 内函数是单调减少的.

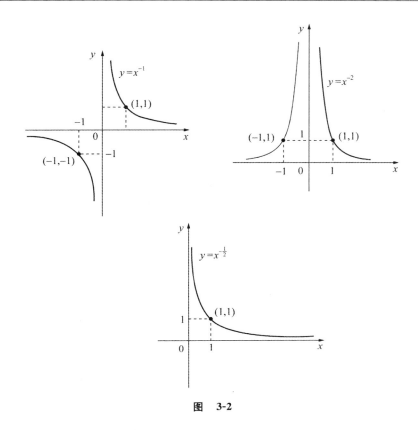

图 3-2

例 5 比较下列各组中两个值的大小：

(1) $0.18^{-\frac{7}{3}}$ 与 $0.39^{-\frac{7}{3}}$；　　　　　　(2) $2.7^{-\frac{4}{5}}$ 与 $1.91^{-\frac{4}{5}}$.

解 (1) $0.18^{-\frac{7}{3}}$ 与 $0.39^{-\frac{7}{3}}$ 可以看成是函数 $y=x^{-\frac{7}{3}}$ 分别在 $x=0.18$ 和 $x=0.39$ 时对应的函数值. 由幂函数 $y=x^a(a<0)$ 的性质(2)，可知

$$0.18^{-\frac{7}{3}}>0.39^{-\frac{7}{3}}.$$

(2) $2.7^{-\frac{4}{5}}$ 与 $1.91^{-\frac{4}{5}}$ 可以看成是函数 $y=x^{-\frac{4}{5}}$ 分别在 $x=2.7$ 和 $x=1.91$ 时对应的函数值. 由幂函数 $y=x^a(a<0)$ 的性质(2)，可知

$$2.7^{-\frac{4}{5}}<1.91^{-\frac{4}{5}}.$$

例 6 求下列函数的定义域：

(1) $y=(3x+1)^{\frac{1}{4}}+(4-x)^{-\frac{2}{5}}$；　　　　　　(2) $y=(x^2+2x-3)^{-\frac{1}{6}}$.

解 (1) 因为

$$y=(3x+1)^{\frac{1}{4}}+(4-x)^{-\frac{2}{5}}=\sqrt[4]{3x+1}+\frac{1}{\sqrt[5]{(4-x)^2}},$$

所以要使原函数有意义，必须使得

$$\begin{cases} 3x+1\geqslant 0, \\ 4-x\neq 0. \end{cases}$$

解此不等式组，得

$$x\geqslant -\frac{1}{3}\text{且 }x\neq 4,$$

所以函数 $y=(3x+1)^{\frac{1}{4}}+(4-x)^{-\frac{2}{5}}$ 的定义域是 $\left[-\dfrac{1}{3},4\right)\bigcup(4,+\infty)$.

（2）因为

$$y=(x^2+2x-3)^{-\frac{1}{6}}=\dfrac{1}{\sqrt[6]{x^2+2x-3}},$$

所以要使原函数有意义，必须使得

$$x^2+2x-3>0,$$

解此不等式，得

$$x<-3 \text{ 或 } x>1.$$

所以函数 $y=(x^2+2x-3)^{-\frac{1}{6}}$ 的定义域是 $(-\infty,-3)\bigcup(1,+\infty)$.

习 题 3-1

1. 求下列各式的值：

(1) $\left(\dfrac{16}{9}\right)^{-\frac{3}{2}}$；

(2) $\sqrt[5]{(-0.1)^5}$；

(3) $\sqrt[4]{16\times\sqrt{9\frac{2}{3}}}$；

(4) $2\sqrt{3}\times\sqrt[3]{1.5}\times\sqrt[6]{12}$.

2. 化简下列各式：

(1) $\left(-12a^{\frac{1}{2}}b^{\frac{1}{4}}c^{-\frac{1}{3}}\right)\left(\dfrac{1}{16}a^{-\frac{1}{2}}b^{-\frac{3}{4}}c^{-\frac{2}{3}}\right)$；

(2) $3x^{-\frac{2}{3}}\left(\dfrac{2}{3}x^{\frac{2}{3}}-2x^{-\frac{1}{3}}\right)$.

3. 比较下列各组中两个值的大小：

(1) $0.46^{\frac{3}{2}}$ 与 $0.64^{\frac{3}{2}}$；

(2) $2.3^{-\frac{3}{4}}$ 与 $2.1^{-\frac{3}{4}}$；

(3) $1.7^{\frac{4}{5}}$ 与 $1.5^{\frac{4}{5}}$；

(4) $0.3^{-\frac{5}{2}}$ 与 $0.5^{-\frac{5}{2}}$.

4. 求下列函数的定义域：

(1) $y=(x-1)^{\frac{1}{2}}+(x-2)^{-2}$；

(2) $y=(2x^2-x-3)^{-\frac{1}{4}}$；

(3) $y=(x+2)^{\frac{1}{3}}(x+3)^{-3}$；

(4) $y=\dfrac{(x+3)^{-\frac{3}{2}}}{(x+1)^2}$.

第二节   指 数 函 数

一、指数函数的定义

引例 3.1   某产品原来的年产量是 1 万吨，计划从今年开始年产量平均每年增加 8%，那么 x 年后的年产量 y（单位：万吨）为

$$y=(1+8\%)^x,$$

即

$$y=1.08^x.$$

函数 $y=1.08^x$ 中，自变量 x 在指数位置上，底数 1.08 是一个大于零且不等于 1 的常量.

一般地，函数 $y=a^x(a>0$ 且 $a\neq1)$ 叫做**指数函数**，它的定义域是实数集 **R**，值域是 $(0,+\infty)$.

例如，$y=5^x$，$y=\left(\dfrac{1}{3}\right)^x$ 和 $y=10^x$ 都是指数函数，它们的定义域都是实数集 **R**.

二、指数函数的图像和性质

现考察指数函数 $y=2^x$，$y=\left(\dfrac{1}{2}\right)^x$ 和 $y=10^x$ 的图像.

函数 $y=2^x$，$y=\left(\dfrac{1}{2}\right)^x$ 和 $y=10^x$ 的定义域都是 $(-\infty,+\infty)$，在定义域内取 x 的一些值，求出相应的 y 值，列成表 3-1、表 3-2 和表 3-3.

表 3-1

x	…	-3	-2	-1	0	1	2	3	…
$y=2^x$	…	$\dfrac{1}{8}$	$\dfrac{1}{4}$	$\dfrac{1}{2}$	1	2	4	8	…

表 3-2

x	…	-3	-2	-1	0	1	2	3	…
$y=\left(\dfrac{1}{2}\right)^x$	…	8	4	2	1	$\dfrac{1}{2}$	$\dfrac{1}{4}$	$\dfrac{1}{8}$	…

表 3-3

x	…	-1	$-\dfrac{1}{2}$	0	$\dfrac{1}{4}$	$\dfrac{1}{2}$	$\dfrac{3}{4}$	1	…
$y=10^x$	…	0.1	0.32	1	1.8	3.8	5.6	10	…

根据表中 x 和 y 的值在同一直角坐标平面内分别描出对应的点，并把它们连成光滑的曲线，就得到它们的图像（如图 3-3 所示）.

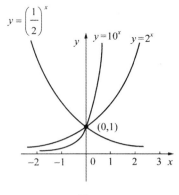

图　3-3

观察图 3-3 可以得出指数函数 $y=a^x$ 分别在 $0<a<1$ 和 $a>1$ 时的性质（见表 3-4）.

表　3-4

图像		
性质	(1) 定义域$(-\infty,+\infty)$,值域$(0,+\infty)$	
	(2) 过点$(0,1)$,即 $x=0$ 时,$y=1$	
	(3) 在$(-\infty,+\infty)$内单调减少	(3) 在$(-\infty,+\infty)$内单调增加
	(4) 当 $x>0$ 时,$0<y<1$; 当 $x<0$ 时,$y>1$	(4) 当 $x>0$ 时,$y>1$; 当 $x<0$ 时,$0<y<1$

例1　比较下列各组里两个值的大小：

(1) $0.9^{\frac{2}{3}}$ 和 $0.9^{\frac{1}{2}}$；　　　　　　　　(2) $8^{-\frac{1}{2}}$ 和 $8^{-\frac{1}{3}}$.

解　(1) $0.9^{\frac{2}{3}}$ 和 $0.9^{\frac{1}{2}}$ 可以看成函数 $y=0.9^x$ 分别在 $x=\dfrac{2}{3}$ 和 $x=\dfrac{1}{2}$ 时对应的函数值,根据 $y=a^x(0<a<1)$ 的性质(3),可知

$$(0.9)^{\frac{2}{3}}<(0.9)^{\frac{1}{2}}.$$

(2) $8^{-\frac{1}{2}}$ 和 $8^{-\frac{1}{3}}$ 可以看成函数 $y=8^x$ 分别在 $x=-\dfrac{1}{2}$ 和 $x=-\dfrac{1}{3}$ 时对应的函数值,根据 $y=a^x(a>1)$ 的性质(3),可知

$$8^{-\frac{1}{2}}<8^{-\frac{1}{3}}.$$

例2　下面两个数,哪个大于1? 哪个小于1?

(1) $7^{\frac{3}{5}}$；　　　　　　　　　　(2) $5^{-\frac{2}{5}}$.

解　根据 $y=a^x(a>1)$ 的性质(4),可知

(1) $7^{\frac{3}{5}}>7^0=1$；

(2) $0<5^{-\frac{2}{5}}<5^0=1$.

例3　求函数 $y=\dfrac{1}{\sqrt{2^{3x-4}-1}}$ 的定义域.

解　要使函数 $y=\dfrac{1}{\sqrt{2^{3x-4}-1}}$ 有意义,必须使得

$$2^{3x-4}-1>0,$$

因此

$$2^{3x-4}>1=2^0.$$

由 $y=a^x(a>1)$ 的性质(3),得

$$3x-4>0,$$

即
$$x > \frac{4}{3},$$

所以函数 $y = \dfrac{1}{\sqrt{2^{3x-4}-1}}$ 的定义域为 $\left(\dfrac{4}{3}, +\infty\right)$.

例 4　解下列方程：

(1) $4^{3x-5} = 1$；

(2) $3^{2x} + 3 \times (3^x) - 4 = 0$.

解　(1) 由 $4^{3x-5} = 1$，得
$$4^{3x-5} = 4^0,$$

只需
$$3x - 5 = 0,$$

所以
$$x = \frac{5}{3}.$$

(2) 设 $3^x = y$，原方程可化为
$$y^2 + 3y - 4 = 0,$$

解得
$$y = -4 \text{ 或 } y = 1,$$

即
$$3^x = -4 \text{ 或 } 3^x = 1,$$

由 $3^x > 0$ 可知 $3^x = -4$ 无解，所以由 $3^x = 1$ 可得
$$x = 0.$$

习 题 3-2

1. 画出下列函数的图像，并简述它们的性质：

(1) $y = 3^x$；

(2) $y = \left(\dfrac{1}{3}\right)^x$.

2. 比较下列各组数的大小：

(1) $3^{0.2}$ 与 $3^{0.4}$；

(2) $2^{-1.2}$ 与 $2^{-1.3}$；

(3) $\left(\dfrac{1}{4}\right)^{2.1}$ 与 $\left(\dfrac{1}{4}\right)^{2.2}$；

(4) $\left(\dfrac{2}{3}\right)^{-0.1}$ 与 $\left(\dfrac{2}{3}\right)^{-0.2}$.

3. 判断下列各式中 x 值的正负：

(1) $2^x = 3$；

(2) $\left(\dfrac{1}{7}\right)^x = 0.02^{-1}$；

(3) $\left(\dfrac{4}{3}\right)^x = 0.6$；

(4) $\left(\dfrac{1}{5}\right)^x = \dfrac{2}{3}$.

4. 确定下列各式中 m 和 n 的大小：

(1) $\left(\dfrac{5}{4}\right)^m < \left(\dfrac{5}{4}\right)^n$；

(2) $\left(\dfrac{1}{3}\right)^m < \left(\dfrac{1}{3}\right)^n$.

5. 设函数 $y_1 = 10^{2x^2+1}$ 和 $y_2 = 10^{x^2+2}$，求使 $y_1 < y_2$ 的 x 的值.

6. 设函数 $y_1 = \left(\dfrac{5}{6}\right)^{2x^2-3x+1}$ 和 $y_2 = \left(\dfrac{5}{6}\right)^{x^2+2x-3}$，求使 $y_1 < y_2$ 的 x 的值.

7. 求下列函数的定义域：

(1) $y = 3^{\frac{1}{x}}$；

(2) $y = 4^{\sqrt{x-3}}$；

(3) $y=\sqrt{3^{3x+2}-\dfrac{1}{243}}$; 　　　　(4) $y=\dfrac{1}{6^{-x}-6^x}$.

8. 解下列方程：

(1) $\left(\dfrac{1}{7}\right)^x=49$; 　　　　(2) $8^{2x+3}=1$;

(3) $2^{x-2}+2^x=40$; 　　　　(4) $5^{2x}-23\times(5^x)=50$.

第三节　对　　数

一、对数的概念

引例3.2　改革开放以来,我国的经济保持了持续高速增长,假设2012年我国国内生产总值为 a 亿元,如果每年平均增长 9％,那么经过多少年国内生产总值是2012年时的4倍？

解　假设经过 x 年国内生产总值为2012年时的4倍,根据题意有

$$a(1+9\%)^x=4a.$$

即

$$1.09^x=4.$$

这是已知底数和幂的值,求指数的问题,也就是我们这节要学习的对数问题.

一般地,如果 $a^b=N$ $(a>0$ 且 $a\neq1)$,那么指数 b 就叫做以 a 为底的 N 的**对数**,记作 $b=\log_aN$,其中 a 叫做**底数**,N 叫做**真数**.

由定义可知,零和负数没有对数.这是因为在 $a^b=N$ $(a>0$ 且 $a\neq1)$ 中,不论 b 是什么实数,都有 $a^b>0$.

如果将 $b=\log_aN$ 代入 $a^b=N$,可得

$$a^{\log_aN}=N. \tag{3-1}$$

如果将 $N=a^b$ 代入 $\log_aN=b$,可得

$$\log_aa^b=b. \tag{3-2}$$

特殊地,如果公式(3-2)中 $b=1$,则有 $\log_aa=1$;如果 $b=0$,则 $\log_a1=0$.

现把以上对数的性质归纳如下：

(1) 零和负数没有对数,即真数大于零;

(2) $\log_aa=1$;

(3) $\log_a1=0$;

(4) $\log_aa^b=b$;

(5) $a^{\log_aN}=N$.

例1　求下列等式中的未知数：

(1) $\log_8N=-\dfrac{2}{3}$; 　　　　(2) $\log_a27=6$; 　　　　(3) $b=\log_{16}64$.

解　(1) 把对数式 $\log_8N=-\dfrac{2}{3}$ 改写成指数式,得

$$N=8^{-\frac{2}{3}}=(2^3)^{-\frac{2}{3}}=2^{-2}=\dfrac{1}{4}.$$

(2) 把对数式 $\log_a27=6$ 改写成指数式,得

$$a^6 = 27,$$

所以

$$a = \pm 27^{\frac{1}{6}} = \pm (3^3)^{\frac{1}{6}} = \pm \sqrt{3},$$

又 $a > 0$ 且 $a \neq 1$，所以

$$a = \sqrt{3}.$$

（3）把对数式 $b = \log_{16} 64$ 改写成指数式，得

$$16^b = 64,$$

即

$$4^{2b} = 4^3,$$

所以

$$b = \frac{3}{2}.$$

例 2　求下列各式的值：

（1）$3^{\log_3 7}$；　　　　　　　　　　　（2）$\log_{10} 100\,000$；

（3）$\log_{10} 0.0001$；　　　　　　　　（4）$8^{\log_2 3}$；

（5）$\log_9 \dfrac{1}{27}$；　　　　　　　　（6）$5^{2 - \log_5 7}$.

解　（1）由公式（3-1）得

$$3^{\log_3 7} = 7.$$

（2）$\log_{10} 100\,000 = \log_{10} 10^5 = 5.$

（3）$\log_{10} 0.0001 = \log_{10} 10^{-4} = -4.$

（4）$8^{\log_2 3} = (2^3)^{\log_2 3} = (2^{\log_2 3})^3 = 3^3 = 27.$

（5）$\log_9 \dfrac{1}{27} = \log_9 3^{-3} = \log_9 9^{-\frac{3}{2}} = -\dfrac{3}{2}.$

（6）$5^{2 - \log_5 7} = \dfrac{5^2}{5^{\log_5 7}} = \dfrac{25}{7}.$

在上例中出现了以 10 为底的对数. 通常将以 10 为底的对数 $\log_{10} N$ 叫做**常用对数**，简记作 $\lg N$. 例如 $\log_{10} 7$ 简记作 $\lg 7$. 在科学技术中常常使用以无理数 $e = 2.718\,281\,828\cdots$ 为底的对数，以 e 为底的对数 $\log_e N$ 叫做**自然对数**，简记作 $\ln N$. 例如 $\log_e 9$ 简记作 $\ln 9$.

二、对数的运算法则

根据对数的定义，把幂的运算法则写成对数式，可得对数的运算法则：

如果 $a > 0$ 且 $a \neq 1, N_1 > 0, N_2 > 0, M > 0$，那么

（1）$\log_a (N_1 N_2) = \log_a N_1 + \log_a N_2$；

（2）$\log_a \dfrac{N_1}{N_2} = \log_a N_1 - \log_a N_2$；

（3）$\log_a M^n = n \log_a M.$

例 3　已知 $x = \dfrac{a^5 b^3 c}{\sqrt[7]{d-2}}$，求 $\lg x$.

解　$\lg x = \lg a^5 b^3 c - \lg \sqrt[7]{d-2}$

$$=\lg a^5 + \lg b^3 + \lg c - \lg(d-2)^{\frac{1}{7}}$$
$$=5\lg a + 3\lg b + \lg c - \frac{1}{7}\lg(d-2).$$

例 4 某工厂的产值计划在 8 年后翻两番,求平均每年增长百分之几(精确到 1%).

解 设平均每年增长率为 x. 由题意得
$$(1+x)^8 = 4,$$

两边取常用对数,得
$$8\lg(1+x) = \lg 4,$$

即
$$\lg(1+x) = \frac{\lg 4}{8} = 0.0753(用计算器计算),$$

上式可化为
$$1+x = 10^{0.0753} = 1.1893(用计算器计算),$$

所以
$$x \approx 0.19 = 19\%.$$

因此,平均每年增长约 19%.

习 题 3-3

1. 求下列各式中的未知数 x:

(1) $\log_3 x = 2$; (2) $\log_4 x = 0$;

(3) $x = \log_8 4$; (4) $\log_x 64 = 2$.

2. 求下列各式的值:

(1) $3^{2\log_3 5}$; (2) $7^{2-3\log_7 2}$;

(3) $2^{2\log_2 3 + \log_4 16}$; (4) $9^{\log_3 6}$.

3. 求下列各式中的 x:

(1) $\lg x = 2\lg 3 + 5\lg 2 - 1$;

(2) $\log_3 x = \frac{1}{5}\log_3(a+b) - 2(\log_3 a + 2\log_3 b - \log_3 c)$.

4. 计算下列各式的值:

(1) $\log_6 36 - \log_{36} 6 + \log_3 \frac{1}{9} - \log_7 \frac{1}{49}$;

(2) $\log_5 25 - 2\log_2 32 - 9\log_{10} 1 + 4\log_8 8$;

(3) $\lg^2 5 + \lg 2\lg 50$;

(4) $\dfrac{\lg^2 5 - \lg^2 2}{\lg 25 - \lg 4}$.

5. 利用关系式 $\log_a N = b \Leftrightarrow a^b = N$,证明**换底公式** $\log_a N = \dfrac{\log_c N}{\log_c a}$ $(c>0$ 且 $c\neq1)$;并用换底公式解答下列问题:

(1) 求 $\log_2 25 \cdot \log_3 4 \cdot \log_5 9$ 的值; (2) 证明 $\log_a b \cdot \log_b c \cdot \log_c a = 1$.

6. 求适合下列各式的 x 值:

(1) $10^x = 5$; (2) $e^x = 40$;

(3) $(0.132)^x = 0.786$.

7. 某台机器的价值是 50 万元,若每年的折旧率为 4.5%,问使用多少年后,机器的价值为 45 万元?

8. 某城市人口有 150 万,计划每年人口增长率控制在 0.35% 以下,求 10 年后人口总数按计划最多达到多少(精确到 0.1 万)?

第四节　对　数　函　数

一、对数函数的定义

我们知道,指数函数 $y = a^x$($a > 0$ 且 $a \neq 1$)的反对应关系是单值的,根据反函数的定义可知它存在反函数,其反函数是 $y = \log_a x$. 对于这种函数,给出下面的定义:

函数 $y = \log_a x$($a > 0$ 且 $a \neq 1$)叫做**对数函数**,它的定义域为正实数集 $\mathbf{R}^+$.

例如,$y = \log_2 x$,$y = \log_{\frac{1}{2}} x$,$y = \lg x$ 和 $y = \ln x$ 都是对数函数,它们分别是函数 $y = 2^x$,$y = \left(\dfrac{1}{2}\right)^x$,$y = 10^x$ 和 $y = e^x$ 的反函数.

二、对数函数的图像和性质

现考察对数函数 $y = \log_2 x$,$y = \log_{\frac{1}{2}} x$ 和 $y = \lg x$ 的图像.

在图 3-4 中,作出指数函数 $y = 2^x$,$y = 10^x$ 的图像和它们的反函数 $y = \log_2 x$,$y = \lg x$ 的图像. 在图 3-5 中,作出指数函数 $y = \left(\dfrac{1}{2}\right)^x$ 的图像和它的反函数 $y = \log_{\frac{1}{2}} x$ 的图像.

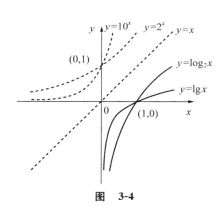

图　3-4

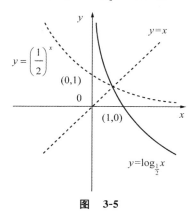

图　3-5

观察图 3-4 和图 3-5,可以得出对数函数 $y = \log_a x$ 分别在 $a > 1$ 和 $0 < a < 1$ 时的性质. 见表 3-5.

表　3-5

图像	$y = \log_a x$ ($0 < a < 1$)	$y = \log_a x$ ($a > 1$)

性质	(1) 定义域$(0,+\infty)$，值域$(-\infty,+\infty)$	
	(2) 过点$(1,0)$，即 $x=1$ 时，$y=0$	
	(3) 在$(0,+\infty)$内单调减少	(3) 在$(0,+\infty)$内单调增加
	(4) 当$0<x<1$ 时，$y>0$； 当 $x>1$ 时，$y<0$	(4) 当$0<x<1$ 时，$y<0$； 当 $x>1$ 时，$y>0$

例 1 比较下列各组中两个值的大小：

(1) $\log_3 5$ 与 $\log_3 7$；   (2) $\log_{\frac{2}{3}} 5.4$ 与 $\log_{\frac{2}{3}} 7.1$.

解 (1) $\log_3 5$ 与 $\log_3 7$ 可以看成是函数 $y=\log_3 x$ 分别在 $x=5$ 和 $x=7$ 时对应的函数值. 根据函数 $y=\log_a x$ $(a>1)$的性质(3)，可知

$$\log_3 5 < \log_3 7.$$

(2) $\log_{\frac{2}{3}} 5.4$ 与 $\log_{\frac{2}{3}} 7.1$ 可以看成是函数 $y=\log_{\frac{2}{3}} x$ 分别在 $x=5.4$ 和 $x=7.1$ 时对应的函数值.

根据函数 $y=\log_a x$ $(0<a<1)$的性质(3)，可知

$$\log_{\frac{2}{3}} 5.4 > \log_{\frac{2}{3}} 7.1.$$

例 2 下列各式中哪些是正的？哪些是负的？哪些是零？

(1) $\log_4 \dfrac{2}{5}$；   (2) $\log_{\frac{1}{5}} 2$；   (3) $\log_{\frac{1}{2}} \dfrac{5}{9}$.

解 分别根据函数 $y=\log_a x$ 在 $a>1$ 和 $0<a<1$ 的性质(4)，可知

(1) $\log_4 \dfrac{2}{5} < 0$；   (2) $\log_{\frac{1}{5}} 2 < 0$；   (3) $\log_{\frac{1}{2}} \dfrac{5}{9} > 0$.

例 3 求下列函数的定义域：

(1) $y=\log_a(4+3x)$；   (2) $y=\sqrt{\ln(7-2x)}$.

解 (1) 要使函数 $y=\log_a(4+3x)$有意义，必须使得 $4+3x>0$，解得

$$x > -\frac{4}{3},$$

所以函数 $y=\log_a(4+3x)$的定义域为$\left(-\dfrac{4}{3},+\infty\right)$.

(2) 要使函数 $y=\sqrt{\ln(7-2x)}$有意义，必须使得 $\begin{cases} 7-2x>0, \\ \ln(7-2x)\geqslant 0, \end{cases}$ 于是

$$\begin{cases} 7-2x>0, \\ 7-2x\geqslant 1, \end{cases}$$

解之，得

$$x \leqslant 3,$$

所以函数 $y=\sqrt{\ln(7-2x)}$的定义域为$(-\infty,3]$.

例 4 设函数 $y_1=\log_3(x^2-2x-15)$ 和 $y_2=\log_3(x+3)$，求使 $y_1>y_2$ 的 x 的值.

解 由

$$\begin{cases} x^2-2x-15>0, \\ x+3>0, \end{cases}$$

解得
$$x>5.$$
考虑 $y_1>y_2$，即 $\log_3(x^2-2x-15)>\log_3(x+3)$ 时的 x 的取值.

由于 $a=3>1$，由对数函数性质(3)，得
$$x^2-2x-15>x+3,$$
即
$$x^2-3x-18>0,$$
解得
$$x>6 \text{ 或 } x<-3,$$
因此，使 $y_1>y_2$ 成立的 x 的值的集合是 $\{x\mid x>6\}$.

例 5　求下列各等式中的 x 的值：

(1) $2\lg x=3\lg 3$；
(2) $\lg^2 x-3\lg x+2=0$.

解　(1) 等式 $2\lg x=3\lg 3$ 中 x 的取值范围是 $x>0$，等式可化为
$$\lg x^2=\lg 3^3,$$
于是
$$x^2=27,$$
所以
$$x=\pm 3\sqrt{3},$$
又因 $x>0$，故
$$x=3\sqrt{3}.$$

(2) 等式 $\lg^2 x-3\lg x+2=0$ 中 x 的取值范围是 $x>0$，等式可化为
$$(\lg x-1)(\lg x-2)=0,$$
即
$$\lg x=1 \text{ 或 } \lg x=2,$$
所以
$$x=10 \text{ 或 } x=10^2=100.$$

例 6　将 1000 元款项存入银行，定期一年，年利率为 2.25%，到年终时将利息纳入本金，年年如此，试建立本利和 y 与存款年数 x 之间的函数关系，并问存款几年本利和能达到 2000 元.

解　按题意，有函数关系
$$y=1000(1+2.25\%)^x,$$
当 $y=2000$ 时，有
$$2000=1000(1+2.25\%)^x,$$
即
$$1.0225^x=2.$$
两边取常用对数，得
$$x\lg 1.0225=\lg 2,$$
$$x=\frac{\lg 2}{\lg 1.0225}=31.2\approx 31(\text{年}).$$
因此存款约 31 年，本利和能达到 2000 元.

习 题 3-4

1. 画出函数 $y=\log_3 x$ 及 $y=\log_{\frac{1}{3}} x$ 的图像，并说明这两个函数的相同性质和不同性质.

2. 比较下列各组数的大小：

(1) $\ln 8$ 与 $\ln 5$；

(2) $\log_{\frac{1}{3}}\dfrac{5}{4}$ 与 $\log_{\frac{1}{3}}\dfrac{4}{5}$；

(3) $\log_5 6$ 与 $\log_6 5$；

(4) $\log_2 0.3$ 与 $\log_6 1.7$；

(5) $\log_4 1$ 与 $\log_{\frac{1}{4}} 1$；

(6) $\log_{\frac{1}{2}} 9$ 与 $\log_{\frac{1}{2}} 7$.

3. 根据下列各式，确定 a 的取值范围：

(1) $\log_a 1.1 > \log_a 1.2$；

(2) $\log_a 4 > \log_a \pi$；

(3) $\log_a 4 > 0$；

(4) $\log_{0.3} a > \log_{0.3} 2$.

4. 设函数 $y_1 = \log_{\frac{1}{3}}(3x-4)$ 和 $y_2 = \log_{\frac{1}{3}}(x^2-x-4)$，求使 $y_1 < y_2$ 的 x 的值.

5. 求下列函数的定义域：

(1) $y = \log_7 \dfrac{1}{1-3x}$；

(2) $y = \sqrt{\log_3 x}$；

(3) $y = \sqrt[3]{\log_6 x}$；

(4) $y = \sqrt{x^2+3x+2} + \log_3 2x$.

6. 解下列方程：

(1) $\lg x^2 = 3\lg 4$；

(2) $\lg^2 x - 3\lg x - 4 = 0$；

(3) $\dfrac{1}{5-\lg x} + \dfrac{2}{1+\lg x} = 1$；

(4) $\log_2(x^2+7) - 2\log_2 x - 3 = 0$.

7. 某企业原来每月营业额 1 万元，由于改变了经营方法，营业额平均每月增长 10%，试建立营业额与时间（月数）之间的函数关系. 并问：三个月后此企业的月营业额能达到多少（准确到 0.1 万元）？

复 习 题 三

1. 填空题：

(1) $(0.3)^{-2} \times (0.027)^{\frac{1}{3}} \times (0.09)^{-\frac{1}{2}} = $ _____；

(2) $(a^{-\frac{1}{2}} + b^{-\frac{1}{2}})(a^{-\frac{1}{2}} - b^{-\frac{1}{2}}) \div (a^{-1} + b^{-1}) = $ _____；

(3) $\left\{ \dfrac{1}{4}\left[(0.027)^{\frac{2}{3}} + 15 \times (0.0016)^{\frac{3}{4}} + \left(\dfrac{3}{4}\right)^0 \right] \right\}^{-\frac{1}{2}} = $ _____；

(4) $2^{\log_3 \frac{1}{27}} - 5^{\log_5 \frac{1}{8}} = $ _____；

(5) $\dfrac{1}{\log_4 a} + 2\log_a 0.5 = $ _____；

(6) 若 $2^x = 3$，$\log_2 \dfrac{2}{3} = y$，则 $x+y = $ _____；

(7) 如果 $4^{x^2+x-6} = 1$，那么 $x = $ _____；

(8) 如果 $\lg(x-2) + \lg(x+1) = 1$，那么 $x = $ _____；

(9) 函数 $y = \log_3 \dfrac{x}{2} - 1$ 的反函数是 _____；

(10) 如果 $f(x) = 3^{x-2}$，$f(\log_9 x) = \dfrac{1}{2}$，那么 $x = $ _____.

2. 选择题：

(1) 如果 $\lg 81 = 2x$，那么下列式子中正确的是（　　）.

A. $x+\lg 9=0$　　　B. $10^x=\dfrac{1}{9}$　　　C. $10^{-x}=\dfrac{1}{9}$　　　D. $10^x=\dfrac{81}{2}$

(2) 如果 $x>0$，$y>0$，那么下列式子中正确的是(　　).

A. $\log_a x \log_a y=\log_a xy$　　　　　　　B. $\log_a x-\log_a y=\log_a(x-y)$

C. $\log_a xy^2=2\log_a xy$　　　　　　　　　D. $\dfrac{\log_a x}{2}=\log_a \sqrt{x}$

(3) 已知函数 $f(x)=\ln x$，则下列结论中正确的是(　　).

A. 当 $0<x<1$ 时，$f(x)>0$　　　　　　B. 当 $x>1$ 时，$f(x)<0$

C. 当 $0<x_1<x_2$ 时，$f(x_1)<f(x_2)$　　D. 当 $0<x_1<x_2$ 时，$f(x_1)>f(x_2)$

(4) 已知函数 $y=\log_2 x+3$ ($x\geqslant 1$)，那么它的反函数的定义域是(　　).

A. $\mathbf{R}$　　　　　B. $\{x|x\geqslant 1\}$　　　C. $\{x|0<x<1\}$　　　D. $\{x|x\geqslant 3\}$

(5) 下列函数中，是奇函数且在 $(0,+\infty)$ 内单调递减的是(　　).

A. $y=-x^2$　　B. $y=x^{\frac{3}{2}}$　　C. $y=x^{\frac{2}{3}}$　　D. $y=x^{-\frac{1}{3}}$

(6) 已知函数 $f(x)=a^x$ ($0<a<1$)，则下列结论中正确的是(　　).

A. 当 $x<0$ 时，$f(x)<1$　　　　　　B. 当 $x_1<x_2$ 时，$f(x_1)<f(x_2)$

C. 当 $x>0$ 时，$f(x)>1$　　　　　　D. 当 $x_1<x_2$ 时，$f(x_1)>f(x_2)$

(7) 下列函数中定义域为一切实数的是(　　).

A. $y=x^{-3}$　　　　　　　　　　　　B. $y=x^{\frac{5}{2}}$

C. $y=x^{-\frac{2}{5}}$　　　　　　　　　　　D. $y=\log_2(x^2-2x+4)$

(8) 若 $y=\log_5 6 \cdot \log_6 7 \cdot \log_7 8 \cdot \log_8 9 \cdot \log_9 10$，则(　　).

A. $y\in(0,1)$　　B. $y\in(1,2)$　　C. $y\in(2,3)$　　D. $y=2$

3. 把下列各数按从小到大的顺序用不等号连接起来:

(1) $3^{0.2}$，0.5^2，$\log_3 0.5$；　　　　　　(2) $\log_{\frac{1}{3}} 0.6$，$\lg 0.6$，$\log_2 0.6$.

4. 求下列函数的定义域:

(1) $y=3^{-\sqrt{x}}+3^{\frac{1}{2-x}}$；　　　　　　(2) $y=\sqrt[5]{\log_a(-x)^4}$；

(3) $y=\sqrt[4]{\log_{0.2}(3x-4)}$；　　　　　(4) $y=\log_3(x^2-3x-18)$；

(5) $y=\dfrac{\sqrt{\log_a(1+x)}}{x}$；　　　　　(6) $y=\sqrt{x+6}+\log_2(49-x^2)$.

5. 化简:

(1) $\lg \dfrac{1}{5}-2\lg \sqrt{0.2}-\log_2 25 \cdot \log_5 2$；

(2) $\sqrt{3^{2\log_3(\lg x)}-2\lg x+1}$.

6. 求下列函数的反函数:

(1) $y=\dfrac{3^x-1}{3^x+1}$；　　　　　　(2) $t=k[\ln(a+v)-\ln(a-v)]$ (a,k 均为常量).

7. 某机械厂今年的生产总值是 574.8 万元，问:

(1) 若计划平均每年增长率为 27%，5 年后(不包括今年)的年产值可达多少万元(准确到 1 万元)?

(2) 如果该厂计划 5 年后(不包括今年)的产值要达到 2000 万元，那么平均每年的增长率应是多少(精确到 0.1%)?

（3）如果平均每年增长率为27％，多少年后该厂的年产值可达3000万元？

【数学史典故3】

延长天文学家寿命的发现
——纳皮尔发现对数

纳皮尔
（1550—1617）

　　约翰·纳皮尔（John Napier 或 Neper，1550—1617）是苏格兰数学家、物理学家兼天文学家.他最为人所熟知的是发明对数，以及滑尺的前身——纳皮尔骨头计算器.而且他对小数点的推广也有贡献.纳皮尔的出生地现在是纳皮尔大学的一部分.

　　纳皮尔生于苏格兰爱丁堡（Edinburgh）附近的小镇梅奇斯顿（Merchiston），卒于同地.13岁时到圣安德卢斯（St. Andrews）大学学习.学习成绩一般.1566年出国留学，到过欧洲各国，听过各种形式的讲学，使他逐渐养成了勤于观察和独立思考的习惯.1608年，为了继承父亲产业，纳皮尔由加特尼（Gdrtnes）迁居梅奇斯顿，直至去世.16世纪，宗教神学笼罩着苏格兰，纳皮尔早年大部分时间花在那个时代的政治和宗教的争论中，为神学著书立说，经常参与宗教和社会活动，他利用业余时间研究数学和其他科学，是一名业余机械师和天文爱好者.

对数思想的萌芽

　　对数的基本思想可以追溯到古希腊时代.早在公元前500年，阿基米德就研究过几个10的连乘积与10的个数之间的关系，用现在的表达形式来说，就是研究了这样两个数列：

$1,10,10^2,10^3,10^4,10^5,\cdots$

$0,1,2,3,4,5,\cdots$

　　他发现了它们之间有某种对应关系.利用这种对应可以用第二个数列的加减关系来代替第一个数列的乘除关系.阿基米德虽然发现了这一规律，但他却没有把这项工作继续下去，失去了使对数破土而出的机会.

　　2000年后，一位德国数学家对对数的产生作出了实质性贡献，他就是史蒂非.1514年，史蒂非重新研究了阿基米德的发现，他写出两个数列：

$0,1,2,3,4,5,6,7,8,9,10,11\cdots$

$1,2,4,8,16,32,64,128,256,512,1024,2048\cdots$

　　他发现，上一排数之间的加、减运算结果与下一排数之间的乘、除运算结果有一种对应关系，例如，上一排中的两个数2,5之和为7，下一排对应的两个数4,32之积128正好就是2的7次方.实际上，用后来的话说，下一列数以2为底的对数就是上一列数，并且史蒂非还知道，下一列数的乘法、除法运算，可以转化为上一列数的加法、减法运算.例如，$2^3 \times 2^5 = 2^{(3+5)}$，等等.

　　就在史蒂非悉心研究这一发现的时候，他遇到了困难.由于当时指数概念尚未完善，分数指数还未被认识，因此面对像$17 \times 63,1025 \div 33$等情况就感到束手无策了.在这种情况下，史蒂非无法继续深入研究下去，只好停止了这一工作.但他的发现为对数的产生奠定了基础.

纳皮尔的功绩

15—16 世纪,天文学得到了较快的发展.为了计算星球的轨道和研究星球之间的位置关系,需要对很多的数据进行乘、除、乘方和开方运算.由于数字太大,为了得到一个结果,常常需要运算几个月的时间.繁难的计算困扰着科学家,能否找到一种简便的计算方法? 数学家们在探索、在思考.如果能用简单的加减运算来代替复杂的乘除运算那就太好了! 这一梦想终于被英国数学家纳皮尔实现了.

纳皮尔研究对数的最初目的,就是为了简化天文问题的球面三角的计算,他也是受了等比数列的项和等差数列的项之间的对应关系的启发.纳皮尔在两组数中建立了这样一种对应关系:当第一组数按等差数列增加时,第二组数按等比数列减少.于是,后一组数中每两个数之间的乘积关系与前一组数中对应的两个数的和,建立起了一种简单的关系,从而可以将乘法归结为加法运算.在此基础上,纳皮尔借助运动概念与连续的几何量的结合继续研究.

纳皮尔画了两条线段,设 AB 是一条给定的线段,CD 是给定的射线,令点 P 从 A 出发,沿 AB 变速运动,速度跟它与 B 的距离成比例地递减.同时,令点 Q 从 C 出发,沿 CD 作匀速运动,速度等于 P 出发时的值,纳皮尔发现此时 P,Q 运动距离有种对应关系,他就把可变动的距离 CQ 称为距离 PB 的对数.

当时,还没有完善的指数概念,也没有指数符号,因而实际上也没有"底"的概念,他把对数称为人造的数.对数这个词是纳皮尔创造的,原意为"比的数".

他研究对数用了二十多年时间,1614 年,他出版了著作《奇妙的对数定理说明书》,发表了他关于对数的讨论,并包含了一个正弦对数表.

有趣的是同一时刻瑞士的一个钟表匠比尔吉也独立发现了对数,他用了 8 年时间编出了世界上最早的对数表,但他长期不发表它.直到 1620 年,在开普勒的恳求下才发表出来,这时纳皮尔的对数已闻名全欧洲了.

对数的完善

纳皮尔的对数著作引起了广泛的关注,伦敦的一位数学家布里格斯于 1616 年专程到爱丁堡看望纳皮尔,建议把对数做一些改进,使 1 的对数为 0,10 的对数为 1,等等,这样计算起来更简便,也将更为有用.次年纳皮尔去世,布里格斯独立完成了这一改进,从而产生了使用至今的常用对数.1617 年,布里格斯发表了第一张常用对数表.1620 年,哥莱斯哈姆学院教授甘特试做了对数尺.1742 年,威廉斯把对数定义为指数并进行系统叙述.现在人们定义对数时,都借助于指数,并由指数的运算法则推导出对数运算法则.可在数学发展史上,对数的发现却早于指数,这是数学史上的珍闻.

欧拉在 1748 年引入了以 a 为底的 x 的对数 $\log_a x$ 这一表示形式,以作为满足 $a^y = x$ 的指数 y.并对指数函数和对数函数做了深入研究.而复变函数的建立,使人们对对数有了更彻底的了解.

天文学家的欣喜

对数的出现引起了很大的反响,不到一个世纪,几乎传遍世界,成为不可缺少的计算工具.其简便算法,对当时的世界贸易和天文学中大量繁难计算的简化,起了重要作用,尤其是天文学家几乎是以狂喜的心情来接受这一发现的.1648 年,波兰传教士穆尼阁把对数传到中国.

在计算机出现以前,对数是十分重要的简便计算技术,曾得到广泛的应用.对数计算尺几乎成了工程技术人员、科研工作者离不了的计算工具. 直到 20 世纪发明了计算机后, 对数的作用才为之所替代.

对数、解析几何和微积分被公认为 17 世纪数学的三大重要成就, 恩格斯赞誉它们是"最重要的数学方法". 伽利略甚至说: "给我空间、时间及对数, 我即可创造一个宇宙."

（摘自吉林大学出版社《教师备课参考：高中数学必修 1》, 作者：卓福宝）

第四章　任意角的三角函数

在初中我们已学过锐角、直角和钝角的三角函数并且会应用它们来解直角三角形,进行有关计算.但在科学技术和许多实际问题中,还常用到任意大小的角及其三角函数值.本章将把角的概念推广到任意角,然后研究任意角的三角函数、三角函数的简化公式,并在此基础上讨论三角函数的图像、性质以及斜三角形的解法.

第一节　角的概念的推广　弧度制

一、角的概念推广

在初中我们学过,在平面内,角可以看作是一条射线绕着它的端点旋转而成的图形(如图 4-1 所示),射线的顶点叫做**角的顶点**,射线旋转开始时的位置叫做**角的始边**,旋转终止时的位置叫做**角的终边**.图 4-1 所表示的就是一个以 O 为顶点,OA 为始边,OB 为终边的角 α.

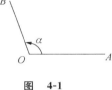

图　4-1

在平面内,一条射线绕着它的端点旋转有两个相反的方向,顺时针方向旋转或逆时针方向旋转,这时就有了方向不同的角.一般规定按逆时针方向旋转形成的角为**正角**,按顺时针方向旋转形成的角为**负角**;当射线没有旋转时,我们也把它看成是一个角,叫做**零角**.这样就把角的概念推广到了任意大小的角,简称**任意角**.即任意角包括正角、负角和零角.

为便于研究任意角的三角函数,本书一般在平面直角坐标系内讨论角,把角的顶点与坐标原点重合,把角的始边与 x 轴正半轴重合,如果角的终边落在第几象限内,就称这个角为第几象限的角;如果角的终边落在坐标轴上,就称这个角为**界线角**.除界线角外,其余的角统称为**象限角**.

根据任意角的概念,在平面直角坐标系内,某些不同大小的角可有相同的终边,或者说,具有相同终边的角的大小可以不同.

如图 4-2 所示,设角 $\alpha = 60°$,它的终边是 OP,易知,终边为 OP 的角还有

$$\alpha_1 = 1 \times 360° + 60° = 420°,$$
$$\alpha_2 = 2 \times 360° + 60° = 780°,$$
$$\beta_1 = -1 \times 360° + 60° = -300°,$$
$$\beta_2 = -2 \times 360° + 60° = -660°,$$

等等.

可以看出,所有与角 $60°$ 的终边相同的角,连同 $60°$ 的角在内,可以表示为

$$k \times 360° + 60° \ (k \in \mathbf{Z}).$$

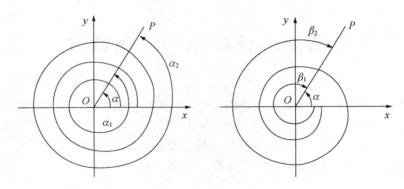

图　4-2

　　一般地，与角 α 的终边相同的角有无穷多个，它们彼此相差 $360°$ 的整数倍，连同角 α 在内可表示为

$$k \times 360° + \alpha \ (k \in \mathbf{Z}).$$

上式称为与角 α 终边相同的所有角（包括角 α 在内）的一般形式. 用集合表示为

$$\{\beta \mid \beta = k \times 360° + \alpha, k \in \mathbf{Z}\}.$$

　　只要适当选取 k 的值，便可从中得到事先要求的与角 α 有相同终边的角.

　　象限角也可以用一个不等式来表示.

　　例如，第 Ⅰ 象限内角 α 可表示为

$$k \times 360° < \alpha < k \times 360° + 90° \ (k \in \mathbf{Z}).$$

　　若 $k \times 360° + 180° < \beta < k \times 360° + 270° \ (k \in \mathbf{Z})$，则角 β 是第 Ⅲ 象限的角.

　　例 1　在 $0°$ 到 $360°$ 间，找出与下列各角终边相同的角，并判断它们各是第几象限的角.

　　(1) $1120°$；　　　　　　(2) $-45°$；　　　　　　(3) $-940°12'$.

　　解　(1) 因为

$$1120° = 3 \times 360° + 40°,$$

所以 $1120°$ 角与 $40°$ 角终边相同，它是第 Ⅰ 象限的角.

　　(2) 因为

$$-45° = (-1) \times 360° + 315°,$$

所以 $-45°$ 角与 $315°$ 角终边相同，它是第 Ⅳ 象限的角.

　　(3) 因为

$$-940°12' = (-3) \times 360° + 139°48',$$

所以 $-940°12'$ 角与 $139°48'$ 角终边相同，它是第 Ⅱ 象限的角.

　　例 2　写出与下列各角终边相同的角的集合 S，以及 S 中在 $-360°$ 到 $720°$ 间的角：

　　(1) $36°$；　　　　　　(2) $-100°16'$；　　　　　　(3) $1313°$.

　　解　(1) $S = \{\beta \mid \beta = k \times 360° + 36°, k \in \mathbf{Z}\}$.

　　S 中在 $-360°$ 到 $720°$ 间的角有：

$$(-1) \times 360° + 36° = -324°;$$

$$0 \times 360° + 36° = 36°;$$

$$1 \times 360° + 36° = 396°.$$

(2) $S=\{\beta|\beta=k\times360°-100°16',k\in\mathbf{Z}\}$.

S 中在$-360°$到$720°$间的角有：

$$0\times360°-100°16'=-100°16';$$
$$1\times360°-100°16'=259°44';$$
$$2\times360°-100°16'=619°44'.$$

(3) $S=\{\beta|\beta=k\times360°+1313°,k\in\mathbf{Z}\}=\{\beta|\beta=n\times360°+233°,n\in\mathbf{Z}\}$.

S 中在$-360°$到$720°$间的角有：

$$(-1)\times360°+233°=-127°;$$
$$0\times360°+233°=233°;$$
$$1\times360°+233°=593°.$$

例 3　写出终边在 x 轴上的角的集合.

解　因为终边在 x 轴的正半轴、负半轴上的所有角分别是

$$k\times360°,\quad k\times360°+180°\ (k\in\mathbf{Z}).$$

又

$$k\times360°=2k\times180°\ (k\in\mathbf{Z}), \tag{1}$$

$$k\times360°+180°=2k\times180°+180°=(2k+1)\times180°\ (k\in\mathbf{Z}), \tag{2}$$

(1)式等号右边是 $180°$ 的所有偶数倍；(2)式等号右边是 $180°$ 的所有奇数倍，因此，它们可以合并为 $180°$ 的所有整数倍，这样(1)式和(2)式可以合并写成

$$n\times180°\ (n\in\mathbf{Z}).$$

因而终边在 x 轴上角的集合为

$$S=\{\beta|\beta=n\times180°,\ n\in\mathbf{Z}\}.$$

二、弧度制

我们知道,把一圆周 360 等分,其中一份所对的圆周角是 1 度角,这种用度作单位来度量角的制度叫**角度制**.下面我们来介绍在数学和其他科学研究中常用的另一种度量角的制度——**弧度制**.

我们把等于半径长的圆弧所对的圆心角称为 **1 弧度的角**.记作 1 弧度(或 1 rad).用弧度为单位来度量角的制度称为**弧度制**.

如图 4-3 所示,设圆的半径为 r,如果 $\angle AOB$ 所对的圆弧长 $\overset{\frown}{AB}=r$,那么 $\angle AOB=1$ rad;如果 $\angle AOC$ 所对的圆弧长 $\overset{\frown}{AC}=2r$,那么 $\angle AOC=2$ rad;如果 $\angle AOD$ 所对的圆弧长 $\overset{\frown}{AD}=\frac{1}{2}r$,那么 $\angle AOD=\frac{1}{2}$ rad.

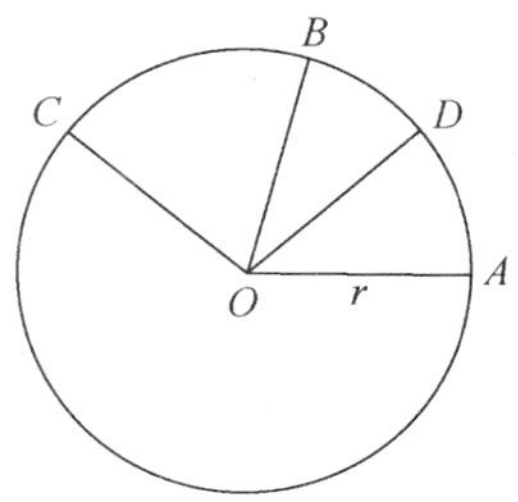

图　4-3

一般地,设圆的半径为 r,圆弧长为 l,该弧所对圆心角为 α,则

$$|\alpha|=\frac{l}{r}. \tag{4-1}$$

即圆心角的弧度数的绝对值等于该角所对的弧长与圆半径的比.

由于角有正负,我们规定:**正角的弧度数为正数,负角的弧度数为负数,零角的弧度数为零**.即角的弧度数与实数是一一对应的.

角度制与弧度制是度量角的两种制度,在实践中被广泛地应用,下面讨论两者之间的换算.

一个周角,用角度制度量是 $360°$,用弧度制来度量是 $\dfrac{2\pi r}{r}=2\pi$,所以

$$360°=2\pi \text{ rad},$$

从而有

$$180°=\pi \text{ rad}, \tag{4-2}$$

由此还可以推出角度制与弧度制的换算关系:

$$1°=\dfrac{\pi}{180} \text{ rad}\approx0.017\,45 \text{ rad};$$

$$1 \text{ rad}=\dfrac{180°}{\pi}\approx57.3°=57°18'.$$

由上述公式可以得出一些特殊角的度数与弧度数如表 4-1 所示.

表 4-1

度	$0°$	$30°$	$45°$	$60°$	$90°$	$180°$	$270°$	$360°$
弧度	0	$\dfrac{\pi}{6}$	$\dfrac{\pi}{4}$	$\dfrac{\pi}{3}$	$\dfrac{\pi}{2}$	π	$\dfrac{3\pi}{2}$	2π

今后我们用弧度表示角时,弧度或 rad 可以省略不写,如 $\alpha=2$ rad 可写成角 $\alpha=2$.

在弧度制里,与角 α 终边相同的角的集合可写成

$$\{\beta|\beta=2k\pi+\alpha, k\in \mathbf{Z}\}.$$

至此,应注意以下两点:

(1) 在同一式子中,不能混合使用度与弧度两种单位,例如 $k\times360°+\dfrac{\pi}{2}$ 与 $2k\pi+60°$ 两个表达式都不正确.

(2) 角的概念推广到任意角后,α 是锐角与 α 是第Ⅰ象限的角的概念是不同的.前者表示 $0°<\alpha<90°$,后者表示 $k\times360°<\alpha<k\times360°+90°$ $(k\in \mathbf{Z})$.同样,钝角与第Ⅱ象限的角概念也是不同的.

例 4 把下列各角的度数化为弧度数:

(1) $65°30'$;   (2) $20°$(精确到 0.01).

解 (1) $65°30'=65.5°=\dfrac{\pi}{180}\times65.5 \text{rad}\approx1.14 \text{rad}$;

(2) $20°=\dfrac{\pi}{180}\times20 \text{rad}=0.017\,45\times20 \text{rad}\approx0.35 \text{rad}$.

例 5 把下列各角的弧度数化为度数:

(1) $\dfrac{5}{6}\pi$;   (2) 1.4826(精确到 $1'$).

解 (1) $\dfrac{5}{6}\pi=\dfrac{180°}{\pi}\times\dfrac{5}{6}\pi=150°$;

(2) $1.4826=57.3°\times1.4826\approx84°95'$.

三、圆弧长

根据公式(4-1)可知,如果圆的半径为 r,圆心角为 α,则圆心角所对圆弧长 l 为

$$l=r|\alpha|.\tag{4-3}$$

其中角 α 的单位必须用弧度.

例 6　已知圆的半径为 20 cm,求圆心角 $48°12'$ 所对的圆弧长(精确到 1 cm).

解　因为公式(4-3)中角的单位必须用弧度,所以先将度化为弧度

$$\alpha=48°12'=48.2°\approx48.2\times0.017\,45\approx0.841,$$

再由公式(4-3)得所求的圆弧长为

$$l=r\alpha=20\times0.841=16.82(\text{cm}).$$

例 7　已知一条圆弧的长是 16.65 cm,该圆弧所对的圆心角是 1.85,求圆的半径.

解　由公式(4-3),得所求圆的半径为

$$r=\frac{l}{\alpha}=\frac{16.65}{1.85}=9(\text{cm}).$$

例 8　已知圆半径为 30 cm,求圆弧长为 15 cm 的弧所对的圆心角的度数.

解　由公式(4-1)得所求圆心角为

$$\alpha=\frac{l}{r}=\frac{15}{30}=0.5\approx28°39'.$$

例 9　直径是 30 mm 的滑轮,每秒钟旋转 3 周,求轮周上一个质点在 10 s 内所转过的圆弧长.

解　滑轮半径 $r=\frac{30}{2}=15(\text{mm})$.滑轮上一个质点在 10 s 内所转过的角为

$$\alpha=3\times2\pi\times10=60\pi,$$

由公式(4-3),得

$$l=r\alpha=15\times60\pi=900\pi(\text{mm}).$$

即轮周上一个质点在 10 s 内所转过的圆弧长是 900π mm.

习 题 4-1

1. 写出与下列各角终边相同的角的集合,以及在 $-360°$ 到 $720°$ 间的角:

(1) $45°$;　　　　(2) $-60°$;

(3) $752°25'$;　　　　(4) $-204°$.

2. 在 $0°$ 到 $360°$ 间找出与下列各角终边相同的角,并判断是哪个象限的角:

(1) $-45°$;　　　　(2) $395°8'$;

(3) $-1190°$;　　　　(4) $1563°$.

3. (1) 写出终边在 y 轴上的角的集合;

(2) 分别写出第Ⅰ、第Ⅱ、第Ⅲ、第Ⅳ象限的角的集合.

4. 把下列各角的度数化成弧度数:

(1) $18°$;　　　　(2) $-120°$;

(3) $1080°$;　　　　(4) $19°48'$.

5. 把下列各角的弧度数化成度数:

(1) $\frac{5}{12}\pi$;　　　　(2) $-\frac{8}{3}\pi$;

（3）5；　　　　　　　　　　　　　　　　（4）4π；

（5）$\dfrac{\pi}{15}$.

6. 把下列各角化成 $2k\pi+\alpha$（$0\leqslant\alpha<2\pi,k\in\mathbf{Z}$）的形式，并指出它们是第几象限角：

（1）$\dfrac{22}{3}\pi$；　　　　　　　　　　　　（2）$-\dfrac{25}{6}\pi$；

（3）$-560°$.

7. 求下列各三角函数值：

（1）$\sin\dfrac{\pi}{3}$；　　　　　　　　　　　（2）$\tan\dfrac{\pi}{6}$；

（3）$\cos\dfrac{\pi}{3}$；　　　　　　　　　　　（4）$\cot\dfrac{\pi}{4}$.

8. 半径为 30 mm 的滑轮，以 60 rad/s 的角速度旋转，求轮周上一质点在 6 s 内所转过的圆弧长.

9. 圆的直径为 480 mm，求这个圆上 500 mm 的弧长所对的圆心角的度数.

10. 设飞轮直径为 1.5 m，每分钟转 300 转，求：

（1）飞轮圆周上一质点每秒钟转过的圆心角的弧度数；

（2）飞轮圆周上一质点每秒钟所经过的圆弧长.

第二节　任意角的三角函数

一、任意角三角函数的定义

我们已经学习了锐角三角函数的定义，下面将这个定义推广到任意角的情形.

设 α 是从 Ox 到 OP 的任意角，在角 α 的终边上取不与原点重合的任意一点 $P(x,y)$，它到原点的距离为 $r=\sqrt{x^2+y^2}>0$（如图 4-4 所示），则 α 的正弦、余弦、正切、余切、正割、余割的定义分别是：

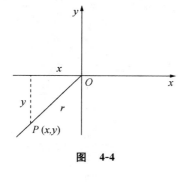

图　4-4

$$\sin\alpha=\dfrac{y}{r},$$

$$\cos\alpha=\dfrac{x}{r},$$

$$\tan\alpha=\dfrac{y}{x},$$

$$\cot\alpha=\dfrac{x}{y},$$

$$\sec\alpha=\dfrac{r}{x},$$

$$\csc\alpha=\dfrac{r}{y}.$$

这六个比值的大小与 P 点在角 α 的终边上的位置无关，只与角 α 的大小有关. 当角 α 的终边与 x 轴重合时，即 $\alpha=k\pi$（$k\in\mathbf{Z}$），其终边上任意点 P 的纵坐标 $y=0$，此时 $\cot\alpha$ 和 $\csc\alpha$ 没有意义；当角 α 的终边与 y 轴重合时，即 $\alpha=k\pi+\dfrac{\pi}{2}$（$k\in\mathbf{Z}$），其终边上任意点 P 的横坐标 $x=0$，此时 $\tan\alpha$ 和 $\sec\alpha$ 没有意义. 除此之外，对于角 α 的每一个确定的值，上面的六个比值都是唯一确定的. 所以 $\sin\alpha,\cos\alpha,\tan\alpha,\cot\alpha,\sec\alpha,\csc\alpha$ 都是角 α 的函数.

我们把角 α 的正弦、余弦、正切、余切、正割、余割分别称为**正弦函数、余弦函数、正切函数、余切函数、正割函数、余割函数**，这些函数统称为**三角函数**．其定义域如表 4-2 所示．

表 4-2

三角函数	定义域
$\sin\alpha$ 和 $\cos\alpha$	$\alpha \in \mathbf{R}$
$\tan\alpha$ 和 $\sec\alpha$	$\{\alpha \mid \alpha \neq k\pi + \dfrac{\pi}{2},\, k \in \mathbf{Z}\}$
$\cot\alpha$ 和 $\csc\alpha$	$\{\alpha \mid \alpha \neq k\pi,\, k \in \mathbf{Z}\}$

例 1　已知角 α 终边上有一点 $P(-1,-3)$，求角 α 的三角函数值（图 4-5）．

解　因为

$$x=-1, \quad y=-3,$$

所以

$$r=\sqrt{(-1)^2+(-3)^2}=\sqrt{10}.$$

则

$$\sin\alpha=\frac{y}{r}=\frac{-3}{\sqrt{10}}=-\frac{3\sqrt{10}}{10};$$

$$\cos\alpha=\frac{x}{r}=\frac{-1}{\sqrt{10}}=-\frac{\sqrt{10}}{10};$$

$$\tan\alpha=\frac{y}{x}=3;$$

$$\cot\alpha=\frac{x}{y}=\frac{1}{3};$$

$$\sec\alpha=\frac{r}{x}=-\sqrt{10};$$

$$\csc\alpha=\frac{r}{y}=-\frac{\sqrt{10}}{3}.$$

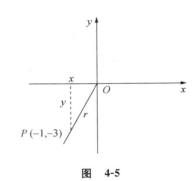

图　4-5

从任意角的三角函数的定义可知

$$\begin{aligned} \sin\alpha\,\csc\alpha &=1, \\ \cos\alpha\,\sec\alpha &=1, \\ \tan\alpha\,\cot\alpha &=1. \end{aligned} \quad (4\text{-}4)$$

本书主要讨论 $\sin\alpha$，$\cos\alpha$ 和 $\tan\alpha$，其余几种函数可按公式（4-4）求得．从任意角的三角函数的定义还可以看到，终边相同的角的同名三角函数值相等，由此得到一组公式：

$$\begin{aligned} \sin(2k\pi+\alpha) &=\sin\alpha, \\ \cos(2k\pi+\alpha) &=\cos\alpha, \\ \tan(2k\pi+\alpha) &=\tan\alpha. \end{aligned} \quad (4\text{-}5)$$

或

$$\begin{aligned} \sin(k\times360°+\alpha) &=\sin\alpha, \\ \cos(k\times360°+\alpha) &=\cos\alpha, \\ \tan(k\times360°+\alpha) &=\tan\alpha. \end{aligned} \quad (4\text{-}6)$$

其中 α 为使等式有意义的任意角，$k \in \mathbf{Z}$.

利用上述公式可以把求任意角的三角函数值的问题，转化为求 $0 \sim 2\pi$（或 $0° \sim 360°$）间角的三角函数值的问题.

例 2 求下列各三角函数值：

(1) $\cos 450°$；   (2) $\tan \dfrac{13\pi}{3}$；   (3) $\sin(-675°)$.

解 (1) $\cos 450° = \cos(360° + 90°) = \cos 90° = 0$.

(2) $\tan \dfrac{13\pi}{3} = \tan\left(4\pi + \dfrac{\pi}{3}\right) = \tan \dfrac{\pi}{3} = \sqrt{3}$.

(3) $\sin(-675°) = \sin(-2 \times 360° + 45°) = \sin 45° = \dfrac{\sqrt{2}}{2}$.

例 3 求 $\pi, \dfrac{3\pi}{2}$ 角的三角函数值.

解 (1) 当 $\alpha = \pi$ 时，角 α 的终边与 x 轴的负半轴重合，这时对于角 α 终边上不与原点重合的任意一点 $P(x, y)$ 有

$$x = -r, \quad y = 0.$$

于是，由三角函数的定义知

$\sin \pi = 0, \quad \cos \pi = -1, \quad \tan \pi = 0, \quad \cot \pi$ 不存在，$\quad \sec \pi = -1, \quad \csc \pi$ 不存在.

(2) 当 $\alpha = \dfrac{3\pi}{2}$ 时，角 α 的终边与 y 轴的负半轴重合，这时对于角 α 终边上不与原点重合的任意一点 $P(x, y)$ 有

$$x = 0, \quad y = -r.$$

于是，由三角函数的定义知

$\sin \dfrac{3\pi}{2} = -1, \quad \cos \dfrac{3\pi}{2} = 0, \quad \tan \dfrac{3\pi}{2}$ 不存在，$\quad \cot \dfrac{3\pi}{2} = 0, \quad \sec \dfrac{3\pi}{2}$ 不存在，$\quad \csc \dfrac{3\pi}{2} = -1$.

同样地，我们可以求出 0 和 $\dfrac{\pi}{2}$ 角的三角函数值，现将 $0, \dfrac{\pi}{2}, \pi$ 和 $\dfrac{3\pi}{2}$ 各角的三角函数值列于表 4-3 中.

表 4-3

角 α 函数	0	$\dfrac{\pi}{2}$	π	$\dfrac{3\pi}{2}$
$\sin \alpha$	0	1	0	-1
$\cos \alpha$	1	0	-1	0
$\tan \alpha$	0	不存在	0	不存在
$\cot \alpha$	不存在	0	不存在	0

例 4 化简：$p^2 \cos 0 - 4pq \sin \dfrac{\pi}{2} - 4q^2 \cos \pi + 3p \tan 2\pi - 5q \cos \dfrac{3\pi}{2}$.

解 原式 $= p^2 \times 1 - 4pq \times 1 - 4q^2 \times (-1) + 3 \times p \times 0 - 5 \times q \times 0 = p^2 - 4pq + 4q^2 = (p - 2q)^2$.

二、任意角三角函数值的符号

由三角函数的定义和各象限内点的坐标的符号可知：

（1）当角 α 是第 Ⅰ、Ⅱ 象限角时，$\sin\alpha=\dfrac{y}{r}>0$，$\csc\alpha=\dfrac{r}{y}>0$；当角 α 是第 Ⅲ、Ⅳ 象限角时，

$\sin\alpha=\dfrac{y}{r}<0$，$\csc\alpha=\dfrac{r}{y}<0$；

（2）当角 α 是第 Ⅰ、Ⅳ 象限角时，$\cos\alpha=\dfrac{x}{r}>0$，$\sec\alpha=\dfrac{r}{x}>0$；当角 α 是第 Ⅱ、Ⅲ 象限角时，

$\cos\alpha=\dfrac{x}{r}<0$，$\sec\alpha=\dfrac{r}{x}<0$；

（3）当角 α 是第 Ⅰ、Ⅲ 象限角时，$\tan\alpha=\dfrac{y}{x}>0$，$\cot\alpha=\dfrac{x}{y}>0$；当角 α 是第 Ⅱ、Ⅳ 象限角时，

$\tan\alpha=\dfrac{y}{x}<0$，$\cot\alpha=\dfrac{x}{y}<0$.

为了便于记忆，各三角函数值在每个象限的符号如图 4-6 所示.

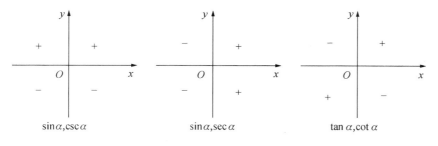

图　4-6

例 5　确定下列各三角函数值的符号：

（1）$\sin225°$；　　　　　　（2）$\cot(-562°)$；　　　　　　（3）$\cos\left(-\dfrac{11\pi}{5}\right)$.

解　（1）因为 $225°$ 是第 Ⅲ 象限的角，所以
$$\sin225°<0.$$

（2）因为 $-562°=-2\times360°+158°$ 是第 Ⅱ 象限的角，所以
$$\cot(-562°)<0.$$

（3）因为 $-\dfrac{11\pi}{5}=-2\pi-\dfrac{\pi}{5}$ 是第 Ⅳ 象限的角，所以

$$\cos\left(-\dfrac{11\pi}{5}\right)>0.$$

例 6　根据下列条件确定角 θ 所在的象限：

（1）$\sin\theta<0$ 且 $\cot\theta<0$；　　　　　　（2）$\tan\theta\sec\theta<0$.

解　（1）因为 $\sin\theta<0$，所以 θ 是第 Ⅲ 象限或第 Ⅳ 象限的角，或角 θ 的终边落在 y 轴的负半轴上；

又因为 $\cot\theta<0$，所以 θ 是第 Ⅱ 象限或第 Ⅳ 象限的角.

因此，要使 $\sin\theta<0$ 且 $\cot\theta<0$ 同时成立，角 θ 必是第 Ⅳ 象限的角.

（2）根据 $\tan\theta\sec\theta<0$ 可得 $\begin{cases}\tan\theta>0,\\\sec\theta<0,\end{cases}$ 或 $\begin{cases}\tan\theta<0,\\\sec\theta>0.\end{cases}$

若 $\begin{cases}\tan\theta>0,\\\sec\theta<0,\end{cases}$ 则 θ 应是第 Ⅲ 象限的角；若 $\begin{cases}\tan\theta<0,\\\sec\theta>0,\end{cases}$ 则 θ 应是第 Ⅳ 象限的角.

因此，要使 $\tan\theta\sec\theta<0$ 成立，角 θ 应是第Ⅲ象限或第Ⅳ象限的角.

三、同角三角函数间的关系

根据三角函数定义，不难得到同角三角函数间的关系式：

1. 倒数关系式

$$\sin\alpha\,\csc\alpha=1,\tag{4-7}$$

$$\cos\alpha\,\sec\alpha=1,\tag{4-8}$$

$$\tan\alpha\,\cot\alpha=1,\tag{4-9}$$

2. 商数关系式

$$\tan\alpha=\frac{\sin\alpha}{\cos\alpha},\tag{4-10}$$

$$\cot\alpha=\frac{\cos\alpha}{\sin\alpha},\tag{4-11}$$

3. 平方关系式

$$\sin^2\alpha+\cos^2\alpha=1,\tag{4-12}$$

$$1+\tan^2\alpha=\sec^2\alpha,\tag{4-13}$$

$$1+\cot^2\alpha=\csc^2\alpha.\tag{4-14}$$

对于使得函数有意义的任意角 α，以上公式都成立，因此上述公式叫做**三角函数的基本恒等式**.

如果已知某一个三角函数值，可以运用这些关系式，求出同角的其他三角函数值，也可用来化简三角函数式或证明三角恒等式.

例 7 已知 $\cos\theta=-\dfrac{3}{5}$，$\pi<\theta<\dfrac{3\pi}{2}$，求角 θ 的其他三角函数值.

解 因为 $\pi<\theta<\dfrac{3\pi}{2}$，所以

$$\sin\theta<0.$$

因此

$$\sin\theta=-\sqrt{1-\cos^2\theta}=-\sqrt{1-\left(-\frac{3}{5}\right)^2}=-\frac{4}{5};$$

$$\tan\theta=\frac{\sin\theta}{\cos\theta}=\frac{-\dfrac{4}{5}}{-\dfrac{3}{5}}=\frac{4}{3};$$

$$\cot\theta=\frac{1}{\tan\theta}=\frac{3}{4};$$

$$\sec\theta=\frac{1}{\cos\theta}=-\frac{5}{3};$$

$$\csc\theta=\frac{1}{\sin\theta}=-\frac{5}{4}.$$

例 8　已知 $\sin\theta=-\dfrac{12}{13}$，求 $\cos\theta,\tan\theta,\cot\theta$ 的值.

解　由 $\sin\theta=-\dfrac{12}{13}<0$ 知，角 θ 是第 Ⅲ、Ⅳ 象限的角.

当角 θ 是第 Ⅲ 象限角时，$\cos\theta<0$. 所以

$$\cos\theta=-\sqrt{1-\sin^2\theta}=-\sqrt{1-\left(-\frac{12}{13}\right)^2}=-\frac{5}{13};$$

$$\tan\theta=\frac{\sin\theta}{\cos\theta}=\frac{-\frac{12}{13}}{-\frac{5}{13}}=\frac{12}{5};$$

$$\cot\theta=\frac{1}{\tan\theta}=\frac{5}{12}.$$

当角 θ 的是第 Ⅳ 象限角时，$\cos\theta>0$，所以

$$\cos\theta=\sqrt{1-\sin^2\theta}=\sqrt{1-\left(-\frac{12}{13}\right)^2}=\frac{5}{13};$$

$$\tan\theta=\frac{\sin\theta}{\cos\theta}=\frac{-\frac{12}{13}}{\frac{5}{13}}=-\frac{12}{5};$$

$$\cot\theta=\frac{1}{\tan\theta}=-\frac{5}{12}.$$

例 9　化简：$\cot\alpha\,\sqrt{1-\cos^2\alpha}$.

解　$\cot\alpha\,\sqrt{1-\cos^2\alpha}=\cot\alpha\,\sqrt{\sin^2\alpha}=\cot\alpha\,|\sin\alpha|.$

当角 α 是第 Ⅰ、Ⅱ 象限角时，

$$\sin\alpha>0,$$

则

$$\cot\alpha\,\sqrt{1-\cos^2\alpha}=\cot\alpha\sin\alpha=\cos\alpha.$$

当角 α 是第 Ⅲ、Ⅳ 象限角时，

$$\sin\alpha<0,$$

则

$$\cot\alpha\,\sqrt{1-\cos^2\alpha}=\cot\alpha(-\sin\alpha)=-\cos\alpha.$$

四、单位圆与三角函数的周期性

在客观世界中，有许多现象都是周而复始出现的，如春、夏、秋、冬四季的循环变化，这种变化就是具有周期性. 三角函数的变化也是具有周期性的.

1. $\sin\alpha$ 和 $\cos\alpha$ 的周期性

半径为 1 的圆叫做**单位圆**. 如图 4-7 所示，设单位圆的圆心与坐标原点重合，角 α 的顶点在圆心 O，始边与 x 轴的正半轴重合，终边与单位圆相交于点 $M(x,y)$，则 $r=|OM|=1$，则由三角函数的定义可知

$$\sin\alpha = \frac{y}{1} = y,$$

$$\cos\alpha = \frac{x}{1} = x.$$

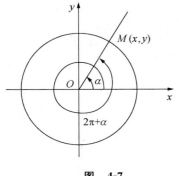

图 4-7

由图 4-7 可以看出，如果角 α 增加（或减少）2π 的整数倍，那么这些角的终边一定与 OM 重合．根据正弦和余弦的定义，就有

$$\sin(2k\pi+\alpha) = \sin\alpha \quad (k\in\mathbf{Z}),$$

$$\cos(2k\pi+\alpha) = \cos\alpha \quad (k\in\mathbf{Z}).$$

由此可见 $\sin\alpha$ 和 $\cos\alpha$ 的变化具有周期性．

一般地，对于函数 $y=f(x)$，如果存在一个不为零的常数 T，使得当 x 取定义域内的每一个值时，都有

$$f(x+T) = f(x)$$

成立，就把函数 $y=f(x)$ 称为**周期函数**，不为零的常数 T 叫做这个函数的**周期**．

对于函数 $\sin\alpha$ 和 $\cos\alpha$ 来说，$2\pi,4\pi,\cdots,-2\pi,-4\pi,\cdots$ 都是它们的周期．对于一个周期函数来说，如果在所有的周期中存在一个最小的正数，就把这个最小的正数叫做**最小正周期**，简称周期．今后我们谈到三角函数的周期时，一般指的是三角函数的最小正周期．

因此，$\sin\alpha$ 和 $\cos\alpha$ 都是周期函数，它们的周期都是 2π．

在单位圆还可以看出，无论 α 是什么角，它的终边与单位圆的交点的纵、横坐标总是在 -1 和 1 之间变化，即当 α 为任意实数时，总有

$$-1\leqslant\sin\alpha\leqslant1,$$

$$-1\leqslant\cos\alpha\leqslant1$$

成立，这就是说，对于任意的 α，都有

$$|\sin\alpha|\leqslant1,$$

$$|\cos\alpha|\leqslant1.$$

它们所具有的这种特性称为**有界性**，有界性是函数所具有的另一个重要性质．

设函数 $f(x)$ 在数集 D 内有定义，如果存在一个正数 M，使得对于数集 D 内的每一个 x，对应的函数值都有

$$|f(x)|\leqslant M$$

成立，那么 $f(x)$ 叫做在数集 D 内**有界**，如果这样的正数 M 不存在，那么 $f(x)$ 叫做在数集 D 内**无界**．

此定义也适用于闭区间和无限区间的情形．

由以上讨论可知，正弦函数和余弦函数在其定义域内都是有界函数，值域都是 $[-1,1]$，最小值是 -1，最大值是 1．

2. $\tan\alpha$ 和 $\cot\alpha$ 的周期性

如图 4-8 所示，单位圆与 Ox 轴的交点为 $E(1,0)$，单位圆与 Oy 轴的交点为 $F(0,1)$，分别过点 E 和 F 作单位圆的切线 ET 和 SF．任作一个从 Ox 到 OP 的角 α，设角 α 的终边和 ET 交于点 $M(1,y)$，角 α 的终边和 SF 交于点 $M'(x',1)$，OP' 是 OP 的反向延长线．可以看出，如果角 α 增加（或减少）π 的整数倍，这些角的终边不是与 OP 重合，就是与 OP'

重合.

根据角的正切函数和余切函数的定义,有

$$\tan(k\pi+\alpha)=\frac{y}{1}=y=\tan\alpha\ (k\in\mathbf{Z}),$$

$$\cot(k\pi+\alpha)=\frac{x'}{1}=x'=\cot\alpha\ (k\in\mathbf{Z}).$$

例如,角 $\pi+\frac{\pi}{6},2\pi+\frac{\pi}{6},\cdots,-\pi+\frac{\pi}{6},\cdots$ 和角 $\frac{\pi}{6}$ 的正切

和余切都是分别相同的.

因此,$\tan\alpha$ 和 $\cot\alpha$ 也是周期函数,它们的周期都是 π.

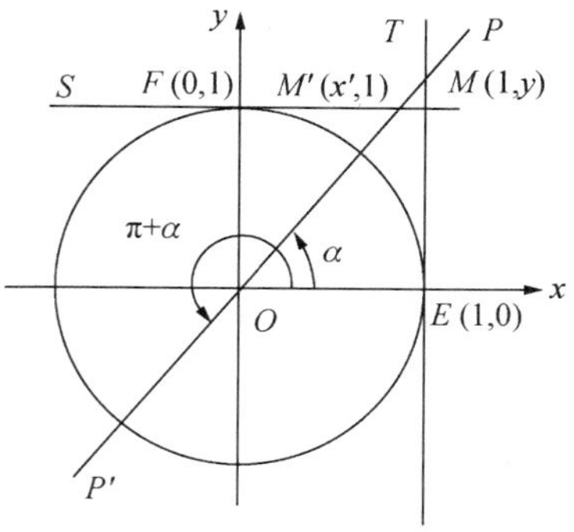

图 4-8

例 10 利用三角函数的周期性,计算下列各函数的值:

(1) $\cos(-315°)$;   (2) $\sin\left(-\frac{11}{3}\pi\right)$;

(3) $\cot\frac{61}{6}\pi$;   (4) $\tan225°$.

解 (1) $\cos(-315°)=\cos(-360°+45°)=\cos45°=\frac{\sqrt{2}}{2}$.

(2) $\sin\left(-\frac{11}{3}\pi\right)=\sin\left(-4\pi+\frac{\pi}{3}\right)=\sin\frac{\pi}{3}=\frac{\sqrt{3}}{2}$.

(3) $\cot\frac{61}{6}\pi=\cot\left(10\pi+\frac{\pi}{6}\right)=\cot\frac{\pi}{6}=\sqrt{3}$.

(4) $\tan225°=\tan(180°+45°)=\tan45°=1$.

习 题 4-2

1. 已知角 α 终边上一点 P 的坐标如下,求角 α 的三角函数值:

(1) $(15,-8)$;   (2) $(-2,-1)$;   (3) $(0,-1)$.

2. 根据任意角三角函数的定义,求下列各角的三角函数值:

(1) $150°$;   (2) $-\frac{\pi}{4}$.

3. 求下列三角函数值:

(1) $\cos1140°$;   (2) $\cot\frac{9\pi}{4}$;

(3) $\sin(-1050°)$;   (4) $\cos\left(-\frac{11}{6}\pi\right)$.

4. 确定下列各式的符号:

(1) $\sin125°\cos220°$;   (2) $\frac{\sin68°15'}{\sec122°31'}$;

(3) $\frac{\cos\frac{11}{6}\pi}{\tan\frac{4}{5}\pi}$;   (4) $\frac{\sin\left(-\frac{\pi}{4}\right)\cos\left(-\frac{\pi}{4}\right)}{\tan\frac{3\pi}{4}\cot\left(-\frac{3\pi}{4}\right)}$;

(5) $\sin^2210\cos^2(-210°)$;   (6) $\sin1\cdot\cos2\cdot\tan(-2.5)$.

5. 依照下列条件,确定角 θ 所在的象限:

(1) $\sin\theta$ 和 $\cos\theta$ 同号;   (2) $\csc\theta$ 和 $\cot\theta$ 异号;

(3) $\frac{\sin\theta}{\cot\theta}>0$.

6. 求下列各式的值：

(1) $a^2\sin\dfrac{\pi}{2}-b^2\cos^3\pi+ab\sin\dfrac{3\pi}{2}-ab\cos0$；

(2) $\dfrac{6\sin90°-2\cos180°+5\cot270°-\tan180°}{5\cos270°-5\sin270°-3\tan0°+5\cot90°}$；

(3) $a\sin0°+b\cos90°-m\tan180°-n\csc90°+\sqrt{2}c\cdot\cot270°$；

(4) $\left(2\tan\dfrac{\pi}{4}\right)^{\lg\cos0}\cdot\left(\cot\dfrac{\pi}{6}\right)^{\log_28\sin\frac{\pi}{2}}$.

7. 已知 $\cos\alpha=-\dfrac{9}{41}$，$\pi<\alpha<\dfrac{3}{2}\pi$，求 $\sin\alpha,\tan\alpha,\cot\alpha$ 的值.

8. 已知 $\sin\alpha=\dfrac{4}{5}$，求 $\cos\alpha,\tan\alpha,\cot\alpha$ 的值.

9. 化简下列各式：

(1) $(1+\cos\alpha)(1-\cos\alpha)$；

(2) $\sqrt{1-\sin^2100°}$；

(3) $\dfrac{\cos\alpha\tan\alpha}{\sin\alpha}$；

(4) $(\sin\varphi+\cos\varphi)^2+(\sin\varphi-\cos\varphi)^2$.

10. 求证：

(1) $\dfrac{\sin x}{1-\cos x}=\dfrac{1+\cos x}{\sin x}$；

(2) $\dfrac{\tan\varphi-\cot\varphi}{\sec\varphi+\csc\varphi}=\sin\varphi-\cos\varphi$.

11. 利用三角函数的周期性，计算下列各函数值：

(1) $\sin750°$；

(2) $\cos\dfrac{9}{4}\pi$；

(3) $\tan\dfrac{4}{3}\pi$；

(4) $\sin\left(-\dfrac{17}{3}\pi\right)$；

(5) $\cos(-1050°)$；

(6) $\cot\left(-\dfrac{14}{3}\pi\right)$.

第三节   三角函数的简化公式

一、负角的三角函数简化公式

负角的三角函数简化公式，是指将 $-\alpha$ 的三角函数用 α 的三角函数来表示的关系式.

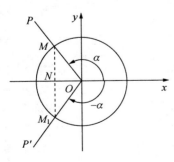

图   4-9

如图 4-9 所示，设任意角 α、$-\alpha$ 的终边 OP、OP' 与单位圆的交点分别为 $M(x,y)$ 和 $M_1(x_1,y_1)$，连接 MM_1 交 x 轴于点 N，不论 α 的终边落在哪个象限，易证 $\triangle MON\cong\triangle M_1ON$，故 $M_1M\perp x$ 轴，于是点 M_1 和 M 的坐标满足

$$x_1=x,\qquad y_1=-y.$$

根据正弦和余弦在单位圆上的表示法，有

$$\sin(-\alpha)=y_1=-y=-\sin\alpha,$$

$$\cos(-\alpha)=x_1=x=\cos\alpha.$$

显然，当角 α 的终边落在坐标轴上时，上式也成立.又

$$\tan(-\alpha)=\frac{\sin(-\alpha)}{\cos(-\alpha)}=\frac{-\sin\alpha}{\cos\alpha}=-\tan\alpha\quad\left(\alpha\neq k\pi+\frac{\pi}{2},\quad k\in\mathbf{Z}\right).$$

于是

$$\sin(-\alpha)=-\sin\alpha, \tag{4-15}$$

$$\cos(-\alpha)=\cos\alpha, \tag{4-16}$$

$$\tan(-\alpha)=-\tan\alpha. \tag{4-17}$$

公式(4-15)、公式(4-16)、公式(4-17)称为**负角的三角函数简化公式**,其中 α 是使公式有意义的任意角.

例1　求下列各三角函数值:

(1) $\sin\left(-\dfrac{\pi}{6}\right)$;　　　　　　　　(2) $\cos\left(-\dfrac{13\pi}{3}\right)$;

(3) $\tan(-750°)$;　　　　　　　　(4) $\csc\left(-\dfrac{9\pi}{4}\right)$.

解　根据公式(4-15)、公式(4-16)、公式(4-17)及终边相同的角的同名三角函数值相等可得

(1) $\sin\left(-\dfrac{\pi}{6}\right)=-\sin\dfrac{\pi}{6}=-\dfrac{1}{2}$.

(2) $\cos\left(-\dfrac{13\pi}{3}\right)=\cos\dfrac{13\pi}{3}=\cos\left(4\pi+\dfrac{\pi}{3}\right)=\cos\dfrac{\pi}{3}=\dfrac{1}{2}$.

(3) $\tan(-750°)=-\tan750°=-\tan(2\times360°+30°)=-\tan30°=-\dfrac{\sqrt{3}}{3}$.

(4) $\csc\left(-\dfrac{9\pi}{4}\right)=\dfrac{1}{\sin\left(-\dfrac{9\pi}{4}\right)}=\dfrac{1}{\sin\left(-2\pi-\dfrac{\pi}{4}\right)}$

$$=\dfrac{1}{\sin\left(-\dfrac{\pi}{4}\right)}=\dfrac{1}{-\sin\dfrac{\pi}{4}}=-\sqrt{2}.$$

例2　计算:$\tan(-1830°)\csc(-810°)+\cos(-405°)\cot(-1050°)$.

解　原式 $=-\tan1830°\times\dfrac{1}{\sin(-810°)}+\cos405°\times\dfrac{1}{\tan(-1050°)}$

$$=-\tan1830°\times\dfrac{1}{-\sin810°}-\cos405°\times\dfrac{1}{\tan1050°}$$

$$=\tan(5\times360°+30°)\times\dfrac{1}{\sin(2\times360°+90°)}-\cos(360°+45°)\times\dfrac{1}{\tan(3\times360°-30°)}$$

$$=\tan30°\times\dfrac{1}{\sin90°}-\cos45°\times\dfrac{1}{\tan(-30°)}$$

$$=\tan30°\times\dfrac{1}{\sin90°}-\cos45°\times\dfrac{1}{-\tan30°}$$

$$=\dfrac{\sqrt{3}}{3}\times1+\dfrac{\sqrt{2}}{2}\times\sqrt{3}=\dfrac{\sqrt{3}}{3}+\dfrac{\sqrt{6}}{2}.$$

二、三角函数的简化公式表

根据负角三角函数简化公式的推导方法,可以推出其他几组简化公式.

关于三角函数的简化公式,我们按表 4-4 分类给出.

表　4-4

$k\cdot\dfrac{\pi}{2}\pm\alpha$（$k$ 为偶数时）	$k\cdot\dfrac{\pi}{2}\pm\alpha$（$k$ 为奇数时）
$\sin(-\alpha)=-\sin\alpha$	$\sin\left(\dfrac{\pi}{2}-\alpha\right)=\cos\alpha$
$\cos(-\alpha)=\cos\alpha$	$\cos\left(\dfrac{\pi}{2}-\alpha\right)=\sin\alpha$
$\tan(-\alpha)=-\tan\alpha$	$\tan\left(\dfrac{\pi}{2}-\alpha\right)=\cot\alpha$
$\sin(\pi-\alpha)=\sin\alpha$	$\sin\left(\dfrac{\pi}{2}+\alpha\right)=\cos\alpha$
$\cos(\pi-\alpha)=-\cos\alpha$	$\cos\left(\dfrac{\pi}{2}+\alpha\right)=-\sin\alpha$
$\tan(\pi-\alpha)=-\tan\alpha$	$\tan\left(\dfrac{\pi}{2}+\alpha\right)=-\cot\alpha$
$\sin(\pi+\alpha)=-\sin\alpha$	$\sin\left(\dfrac{3\pi}{2}-\alpha\right)=-\cos\alpha$
$\cos(\pi+\alpha)=-\cos\alpha$	$\cos\left(\dfrac{3\pi}{2}-\alpha\right)=-\sin\alpha$
$\tan(\pi+\alpha)=\tan\alpha$	$\tan\left(\dfrac{3\pi}{2}-\alpha\right)=\cot\alpha$
$\sin(2\pi-\alpha)=-\sin\alpha$	$\sin\left(\dfrac{3\pi}{2}+\alpha\right)=-\cos\alpha$
$\cos(2\pi-\alpha)=\cos\alpha$	$\cos\left(\dfrac{3\pi}{2}+\alpha\right)=\sin\alpha$
$\tan(2\pi-\alpha)=-\tan\alpha$	$\tan\left(\dfrac{3\pi}{2}+\alpha\right)=-\cot\alpha$
$\vdots$	$\vdots$

上表中的**三角函数简化公式**又称为**诱导公式**.各公式中的 α 是使公式有意义的任意.把上述公式左边的角概括为 $k\cdot\dfrac{\pi}{2}\pm\alpha$（$k=0,1,2,3,4,\cdots$）的形式,而右边的角为 α,这时只须记住公式右边三角函数前的符号和函数名称即可.这些公式可以概括成下面的口诀:

"正负看象限,奇变偶不变".

其中"正负看象限"是指各公式右端三角函数前的正负号,与左端的角 $k\cdot\dfrac{\pi}{2}\pm\alpha$（其中 α 假定为锐角,$k\in\mathbf{Z}$）所在象限的三角函数值的符号一致."奇变偶不变"是指角的形式化为 $k\cdot\dfrac{\pi}{2}\pm\alpha$ 后,当 k 为奇数时,右边三角函数名称改变（即正弦变成余弦,余弦变成正弦,正切变成余切,余切变成正切等）;当 k 为偶数时,左右两边三角函数名称不变.

利用简化公式可将任意角的三角函数化为锐角三角函数,其一般步骤如下:

(1) 把负角的三角函数先化为正角的三角函数;

(2) 把大于 2π 的角的三角函数化为 0 到 2π 之间的角的三角函数;

(3) 0 到 2π 之间的角的三角函数,选用适当的简化公式化为锐角三角函数.

例 3　求下列各角三角函数值:

(1) $\sin210°$;　　　　(2) $\cos\dfrac{17\pi}{6}$;　　　　(3) $\tan\left(-\dfrac{13\pi}{4}\right)$.

解 （1）$\sin210°=\sin(180°+30°)=-\sin30°=-\dfrac{1}{2}$.

（2）$\cos\dfrac{17\pi}{6}=\cos\left(2\pi+\dfrac{5\pi}{6}\right)=\cos\dfrac{5\pi}{6}=\cos\left(\pi-\dfrac{\pi}{6}\right)$

$\qquad\qquad=-\cos\dfrac{\pi}{6}=-\dfrac{\sqrt{3}}{2}$.

（3）$\tan\left(-\dfrac{13\pi}{4}\right)=\tan\left(-3\pi-\dfrac{\pi}{4}\right)=\tan\left(-\dfrac{\pi}{4}\right)=-\tan\dfrac{\pi}{4}=-1$.

例 4　求 $\cos(-800°)$ 的值.

解　$\cos(-800°)=\cos(-2\times360°-80°)=\cos(-80°)$

$\qquad\qquad\qquad=\cos80°=0.1736$.

例 5　计算：$\dfrac{\sin315°\cos45°}{\tan(-120°)\tan300°}$.

解　原式 $=\dfrac{\sin(360°-45°)\cos45°}{-\tan120°\tan(360°-60°)}=\dfrac{-\sin45°\cos45°}{-\tan(180°-60°)(-\tan60°)}$

$\qquad=\dfrac{-\sin45°\cos45°}{\tan60°(-\tan60°)}=\dfrac{\sin45°\cos45°}{\tan60°\tan60°}$

$\qquad=\dfrac{\dfrac{\sqrt{2}}{2}\times\dfrac{\sqrt{2}}{2}}{\sqrt{3}\times\sqrt{3}}=\dfrac{1}{6}$.

例 6　化简：$\dfrac{\sin(\pi-\alpha)-\tan\alpha-\tan(\pi-\alpha)}{\tan(\alpha-\pi)+\cos(-\alpha)+\cos(\alpha-\pi)}$.

解　原式 $=\dfrac{\sin\alpha-\tan\alpha+\tan\alpha}{\tan\alpha+\cos\alpha+\cos(\pi-\alpha)}$

$\qquad=\dfrac{\sin\alpha}{\tan\alpha+\cos\alpha-\cos\alpha}=\cos\alpha$.

例 7　证明：$\dfrac{\sin(3\pi+\alpha)\cos\left(\dfrac{3\pi}{2}-\alpha\right)}{\tan(\alpha-\pi)\sin(-\alpha-\pi)\tan\left(\dfrac{5\pi}{2}+\alpha\right)}=-\sin\alpha$.

证明　左边 $=\dfrac{-\sin\alpha(-\sin\alpha)}{\tan\alpha\left[-\sin(\pi+\alpha)\right](-\cot\alpha)}$

$\qquad=\dfrac{\sin^2\alpha}{\tan\alpha\sin\alpha(-\cot\alpha)}=-\sin\alpha=$ 右边.

所以原等式成立.

例 8　设 A,B,C 为三角形的三个内角，求证：

（1）$\cot(A+C)=-\cot B$；　　　　　　　　（2）$\tan\dfrac{A+B}{2}=\cot\dfrac{C}{2}$.

证明　（1）由 $A+B+C=\pi$，得

$$A+C=\pi-B,$$

于是

$$\cot(A+C)=\cot(\pi-B)=-\cot B.$$

（2）由 $A+B+C=\pi$，得

$$A+B=\pi-C,$$

所以

$$\frac{A+B}{2}=\frac{\pi}{2}-\frac{C}{2},$$

于是

$$\tan\frac{A+B}{2}=\tan\left(\frac{\pi}{2}-\frac{C}{2}\right)=\cot\frac{C}{2}.$$

习 题 4-3

1. 求下列各三角函数值：

(1) $\sin(-810°)$;

(2) $\cos\left(-\frac{9}{2}\pi\right)$;

(3) $\tan\left(-\frac{\pi}{4}\right)$;

(4) $\cot\left(-\frac{\pi}{6}\right)$;

(5) $\sin225°$;

(6) $\cos\frac{11}{6}\pi$;

(7) $\tan150°$;

(8) $\cot\left(-\frac{7\pi}{6}\right)$;

(9) $\tan\left(-\frac{11\pi}{3}\right)$;

(10) $\cot1290°$.

2. 计算下列各式的值：

(1) $\sin\left(-\frac{\pi}{4}\right)\cos\left(-\frac{\pi}{4}\right)\tan\left(-\frac{\pi}{3}\right)\cot\left(-\frac{\pi}{3}\right)$;

(2) $\dfrac{\sin\left(-\frac{\pi}{6}\right)\cos\left(-\frac{\pi}{3}\right)}{\tan\left(-\frac{\pi}{4}\right)\cot\left(-\frac{\pi}{4}\right)}$;

(3) $8\sin\frac{\pi}{6}\cos\frac{\pi}{3}+\tan\frac{4\pi}{3}\cot\frac{7\pi}{6}$;

(4) $\dfrac{2\cos660°+\sin630°}{3\cos1020°+2\cos(-660°)}$;

(5) $\log_{\sqrt{2}}\sin855°+\log_3\tan(-480°)$;

(6) $5^{\log_{\sqrt{2}}\frac{1}{\cos675°}}+\sec(-60°)$.

3. 化简下列各式：

(1) $\tan43°\tan44°\tan46°\tan47°$;

(2) $\dfrac{\sin(\alpha-\pi)\tan(2\pi+\alpha)}{\cot\left(\alpha-\frac{3\pi}{2}\right)\tan\left(\alpha-\frac{3\pi}{2}\right)\cos\left(\alpha-\frac{3\pi}{2}\right)}$;

(3) $\tan\left(\frac{3\pi}{2}-\alpha\right)\tan(2\pi-\alpha)+\sin^2\left(\frac{3\pi}{2}-\alpha\right)+\sin^2(2\pi-\alpha)$;

(4) $\tan^2(\alpha-360°)\sin^2(270°-\alpha)+\cos^2(360°-\alpha)+2\sin(\alpha-180°)\sin(90°+\alpha)$.

4. 证明下列恒等式：

(1) $\dfrac{\sin(2\pi-\alpha)\tan(\pi+\alpha)\cot(-\alpha-\pi)}{\cos(\pi-\alpha)\tan(3\pi-\alpha)}=1$;

(2) $\dfrac{\sin(180°-\alpha)\sin(270°-\alpha)\tan(90°-\alpha)}{\sin(90°+\alpha)\tan(270°+\alpha)\tan(360°-\alpha)}=-\cos\alpha$;

(3) $\sqrt{1-2\sin310°\cos310°}=\sin50°+\cos50°$;

(4) $\dfrac{\sec(-\alpha)+\sin\left(-\alpha-\frac{\pi}{2}\right)}{\csc(3\pi-\alpha)-\cos\left(-\alpha-\frac{3\pi}{2}\right)}=\tan^3\alpha$.

第四节　三角函数的图像和性质

一、正弦函数的图像和性质

正弦函数 $y=\sin x$ 的定义域是 $(-\infty,+\infty)$，值域是 $[-1,1]$，周期是 2π，现在用描点法作出它在区间 $[0,2\pi]$ 上的图像.

在区间 $[0,2\pi]$ 上取 x 的一些值，求 $y=\sin x$ 的对应值，如表 4-5 所示：

表　4-5

x	0	$\dfrac{\pi}{6}$	$\dfrac{\pi}{3}$	$\dfrac{\pi}{2}$	$\dfrac{2\pi}{3}$	$\dfrac{5\pi}{6}$	π	$\dfrac{7\pi}{6}$	$\dfrac{4\pi}{3}$	$\dfrac{3\pi}{2}$	$\dfrac{5\pi}{3}$	$\dfrac{11\pi}{6}$	2π
$y=\sin x$	0	0.5	0.87	1	0.87	0.5	0	-0.5	-0.87	-1	-0.87	-0.5	0

以表 4-5 内 x,y 的每一组对应值作为点的坐标，在直角坐标系内作出对应的点，然后用光滑曲线依次把各点连接起来，所得到的曲线就是函数 $y=\sin x$ 在区间 $[0,2\pi]$ 上的图像，如图 4-10 所示.

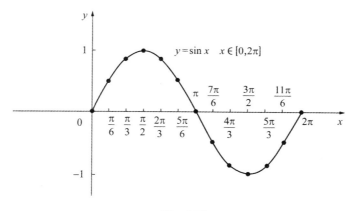

图　4-10

由图 4-10 可看出，$y=\sin x$ 在 $[0,2\pi]$ 上的图像主要由曲线与 x 轴的三个交点 $(0,0)$，$(\pi,0)$，$(2\pi,0)$ 以及曲线的最高点 $\left(\dfrac{\pi}{2},1\right)$ 和最低点 $\left(\dfrac{3\pi}{2},-1\right)$ 这五个关键点所决定的. 所以，可先描出这五个点，然后用光滑曲线将它们连接起来，这种作函数图像的简便方法称为"**五点作图法**"（简称"五点法"）.

因为 $y=\sin x$ 是以 2π 为周期的周期函数，所以，把 $y=\sin x$ 在 $x\in[0,2\pi]$ 上的图像向左向右平移 2π 的整数倍个单位，就可以得到 $y=\sin x$ 在 $(-\infty,+\infty)$ 内的图像，如图 4-11 所示.

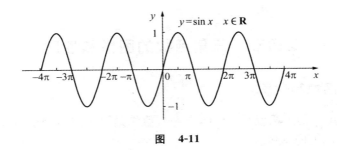

图 4-11

正弦函数的图像称为**正弦曲线**.

正弦函数除了具有周期性以外，还可由正弦曲线直观地看出以下性质.

（1）奇偶性：正弦曲线是关于坐标原点对称的，所以 $y=\sin x$ 是奇函数.

（2）单调性：由图 4-11 可以看出函数 $y=\sin x$ 在区间 $\left[-\dfrac{\pi}{2},\dfrac{\pi}{2}\right]$ 上单调增加，在区间 $\left[\dfrac{\pi}{2},\dfrac{3\pi}{2}\right]$ 上单调减少；由正弦函数的周期性可知，$y=\sin x$ 在区间 $\left[2k\pi-\dfrac{\pi}{2},2k\pi+\dfrac{\pi}{2}\right]$ 上单调增加，在区间 $\left[2k\pi+\dfrac{\pi}{2},2k\pi+\dfrac{3\pi}{2}\right]$ 上单调减少，其中 $k\in\mathbf{Z}$.

（3）有界性：正弦函数的值域为 $[-1,1]$，即 $|\sin x|\leqslant1$，也就是说函数 $y=\sin x$ 在 $(-\infty,+\infty)$ 内是有界的.

当 $x=2k\pi+\dfrac{\pi}{2}$（$k\in\mathbf{Z}$）时，曲线达到最高点，函数取得最大值 1；当 $x=2k\pi+\dfrac{3\pi}{2}$（$k\in\mathbf{Z}$）时，曲线达到最低点，函数取得最小值 -1.

二、余弦函数的图像和性质

余弦函数 $y=\cos x$ 的定义域是 $(-\infty,+\infty)$，值域是 $[-1,1]$，周期是 2π，在区间 $[0,2\pi]$ 上取 x 的一些值，求出 $y=\cos x$ 的对应值，如表 4-6 所示：

表　4-6

x	0	$\dfrac{\pi}{6}$	$\dfrac{\pi}{3}$	$\dfrac{\pi}{2}$	$\dfrac{2\pi}{3}$	$\dfrac{5\pi}{6}$	π	$\dfrac{7\pi}{6}$	$\dfrac{4\pi}{3}$	$\dfrac{3\pi}{2}$	$\dfrac{5\pi}{3}$	$\dfrac{11\pi}{6}$	2π
$y=\cos x$	1	0.87	0.5	0	-0.5	-0.87	-1	-0.87	-0.5	0	0.5	0.87	1

以表 4-6 内 x,y 的每一组对应值作为点的坐标，在直角坐标系内作出对应的点，然后用光滑曲线依次把各点连接起来，所得到的曲线就是函数 $y=\cos x$ 在区间 $[0,2\pi]$ 上的图像，如图 4-12 所示.

与正弦曲线类似，余弦函数 $y=\cos x$ 在 $[0,2\pi]$ 上的图像也有五个关键点：$(0,1)$，$\left(\dfrac{\pi}{2},0\right)$，$(\pi,-1)$，$\left(\dfrac{3\pi}{2},0\right)$，$(2\pi,1)$；同样也可用"五点法"作出它的图像.

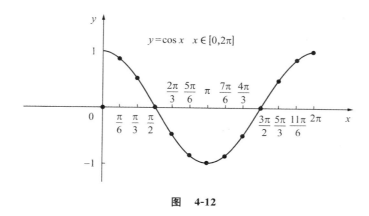

图　4-12

与作正弦曲线一样,只要把 $y=\cos x$,$x\in[0,2\pi]$ 上的图像依次向左向右平移 $2\pi,4\pi,\cdots$,就可以得到 $y=\cos x$ $(x\in\mathbf{R})$ 的图像,如图 4-13 所示.

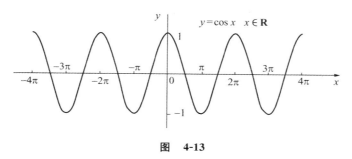

图　4-13

余弦函数的图像称为**余弦曲线**.

余弦函数除了具有周期性以外,还可由余弦曲线直观地看出以下性质.

(1) 奇偶性:余弦曲线是关于 y 轴对称的,所以 $y=\cos x$ 是偶函数.

(2) 单调性:由图 4-13 可以看出函数 $y=\cos x$ 在区间 $[-\pi,0]$ 上单调增加,在区间内 $[0,\pi]$ 上单调减少,由余弦函数的周期性可知,$y=\cos x$ 在区间 $[2k\pi-\pi,2k\pi]$ 上单调增加,在区间 $[2k\pi,2k\pi+\pi]$ 上单调减少,其中 $k\in\mathbf{Z}$.

(3) 有界性:余弦函数的值域为 $[-1,1]$,即 $|\cos x|\leqslant 1$,也就是说函数 $y=\cos x$ 在 $(-\infty,+\infty)$ 内是有界的.

当 $x=2k\pi(k\in\mathbf{Z})$ 时,曲线达到最高点,函数取得最大值 1;当 $x=2k\pi+\pi$ $(k\in\mathbf{Z})$ 时,曲线达到最低点,函数取得最小值 -1.

三、正切函数的图像和性质

正切函数 $y=\tan x$ 的定义域是 $\left\{x\,|\,x\in\mathbf{R}, x\neq k\pi+\dfrac{\pi}{2}, k\in\mathbf{Z}\right\}$,值域是 $(-\infty,+\infty)$,周期是 π,现在先用描点法作出它在 $\left(-\dfrac{\pi}{2},\dfrac{\pi}{2}\right)$ 内的图像.

在区间 $\left(-\dfrac{\pi}{2},\dfrac{\pi}{2}\right)$ 内取 x 的一些值,求出 $y=\tan x$ 的对应值,如表 4-7 所示:

表　4-7

x	$-\dfrac{\pi}{3}$	$-\dfrac{\pi}{4}$	$-\dfrac{\pi}{6}$	$-\dfrac{\pi}{12}$	0	$\dfrac{\pi}{12}$	$\dfrac{\pi}{6}$	$\dfrac{\pi}{4}$	$\dfrac{\pi}{3}$
$y=\tan x$	-1.7	-1	-0.58	-0.27	0	0.27	0.58	1	1.7

以表 4-7 内 x,y 的每一组对应值作为点的坐标,在直角坐标系内作出对应的点,用光滑曲线依次把各点连接起来,所得到的曲线就是函数 $y=\tan x$ 在区间 $\left(-\dfrac{\pi}{2},\dfrac{\pi}{2}\right)$ 内的图像,如图 4-14 所示.

根据正切函数的周期性,只要把 $y=\tan x$ 在 $\left(-\dfrac{\pi}{2},\dfrac{\pi}{2}\right)$ 内的图像向左向右平移 π 的整数倍个单位,就可以得到正切函数 $y=\tan x\left(x\neq k\pi+\dfrac{\pi}{2},k\in \mathbf{Z}\right)$ 的图像,如图 4-15 所示.

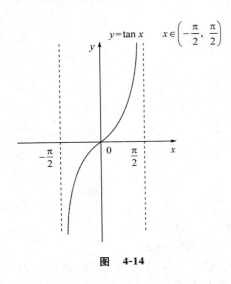

图　4-14

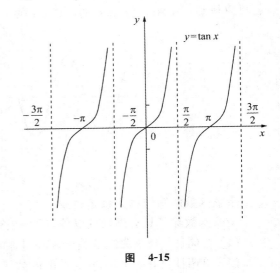

图　4-15

正切函数的图像称为**正切曲线**.

可以看出:正切曲线是由相互平行的直线 $x=k\pi+\dfrac{\pi}{2}$ $(k\in \mathbf{Z})$ 隔开的无穷多支曲线所组成的.

正切函数除了具有周期性以外,还可由正切曲线直观地看出以下性质.

(1) 奇偶性:正切曲线是关于坐标原点对称的,所以正切函数 $y=\tan x$ 是奇函数.

(2) 单调性:$y=\tan x$ 在每一个区间 $\left(k\pi-\dfrac{\pi}{2},k\pi+\dfrac{\pi}{2}\right)$ $(k\in \mathbf{Z})$ 内都是单调增加的.

(3) 有界性:因为正切函数 $y=\tan x$ 的值域 $(-\infty,+\infty)$,在每一个开区间 $\left(k\pi-\dfrac{\pi}{2},k\pi+\dfrac{\pi}{2}\right)$ $(k\in \mathbf{Z})$ 内都不存在正数 M,使得 $|\tan x|\leqslant M$,所以正切函数 $y=\tan x$ 是无界的.

四、余切函数的图像和性质

余切函数 $y=\cot x$ 的定义域是 $\{x\mid x\in \mathbf{R},x\neq k\pi,k\in \mathbf{Z}\}$,值域是 $(-\infty,+\infty)$,周期是 π.用同样的方法可以作出余切函数在定义域内的图像(如图 4-16 所示),即**余切曲线**.

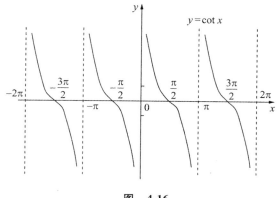

图　4-16

关于余切函数的性质,读者可以结合余切曲线自行讨论.

例 1　用"五点法"作出下列函数在$[0,2\pi]$上的图像:

(1) $y=1-\sin x$;　　　　　　　　　　(2) $y=-\cos x$.

解　(1)列表

x	0	$\dfrac{\pi}{2}$	π	$\dfrac{3\pi}{2}$	2π
$y=\sin x$	0	1	0	-1	0
$y=1-\sin x$	1	0	1	2	1

描点作图(如图 4-17 所示).

(2)列表

x	0	$\dfrac{\pi}{2}$	π	$\dfrac{3\pi}{2}$	2π
$y=\cos x$	1	0	-1	0	1
$y=-\cos x$	-1	0	1	0	-1

描点作图(如图 4-18 所示).

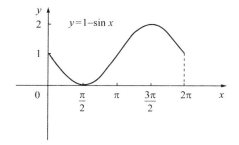

图　4-17

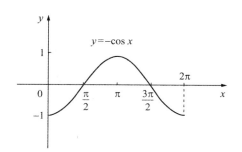

图　4-18

例 2 比较下列各组三角函数值的大小：

(1) $\sin\left(-\dfrac{\pi}{8}\right)$ 与 $\sin\left(-\dfrac{\pi}{12}\right)$；   (2) $\cos\left(-\dfrac{22\pi}{5}\right)$ 与 $\cos\left(-\dfrac{17\pi}{4}\right)$；

(3) $\tan\left(-\dfrac{\pi}{9}\right)$ 与 $\tan\dfrac{3\pi}{7}$；   (4) $\cot 1519°$ 与 $\cot 1493°$.

解 (1) 因为

$$-\frac{\pi}{2}<-\frac{\pi}{8}<-\frac{\pi}{12}<\frac{\pi}{2},$$

而 $y=\sin x$ 在 $\left[-\dfrac{\pi}{2},\dfrac{\pi}{2}\right]$ 上单调增加，所以

$$\sin\left(-\frac{\pi}{8}\right)<\sin\left(-\frac{\pi}{12}\right).$$

(2) 因为

$$-5\pi<-\frac{22\pi}{5}<-\frac{17\pi}{4}<-4\pi,$$

而 $y=\cos x$ 在 $[-5\pi,-4\pi]$ 上单调增加，所以

$$\cos\left(-\frac{22\pi}{5}\right)<\cos\left(-\frac{17\pi}{4}\right).$$

(3) 因为

$$-\frac{\pi}{2}<-\frac{\pi}{9}<\frac{3\pi}{7}<\frac{\pi}{2},$$

而 $y=\tan x$ 在 $\left(-\dfrac{\pi}{2},\dfrac{\pi}{2}\right)$ 内单调增加，所以

$$\tan\left(-\frac{\pi}{9}\right)<\tan\frac{3\pi}{7}.$$

(4) 因为

$$\cot 1519°=\cot(8\times180°+79°)=\cot 79°,$$
$$\cot 1493°=\cot(8\times180°+53°)=\cot 53°,$$

由 $y=\cot x$ 在 $(0,\pi)$ 内单调减少，可知 $\cot 79°<\cot 53°$，所以

$$\cot 1519°<\cot 1493°.$$

例 3 求下列函数取得最大值的 x 的集合，并指出最大值是多少.

(1) $y=2-\sin x$；   (2) $y=\cos 2x$.

解 (1) 求使函数 $\sin x$ 取得最小值的 x，就是使函数 $y=2-\sin x$ 取得最大值的 x，因而当 $x\in\left\{x\,\middle|\,x=2k\pi+\dfrac{3\pi}{2},k\in\mathbf{Z}\right\}$ 时，$y=2-\sin x$ 取得最大值 3.

(2) 当 $2x=2k\pi\ (k\in\mathbf{Z})$，即 $x=k\pi$ 时，$\cos 2x=1$.

就是说，当 $x\in\{x\,|\,x=k\pi,k\in\mathbf{Z}\}$ 时，$y=\cos 2x$ 取得最大值 1.

例 4 已知 $\sin\alpha=\dfrac{1}{3-a}$，求 a 的取值范围.

解 由正弦函数的有界性知

$$|\sin\alpha|=\left|\frac{1}{3-a}\right|\leqslant 1,$$

将其化为不等式组，得

$$\begin{cases} -1 \leqslant \dfrac{1}{3-a} \leqslant 1, \\ 3-a \neq 0. \end{cases}$$

解不等式组,得

$$a \leqslant 2 \text{ 或 } a \geqslant 4.$$

即 a 的取值的集合是 $\{a \mid a \leqslant 2 \text{ 或 } a \geqslant 4\}$.

习题 4-4

1. 求下列函数的定义域:

　(1) $y = \tan\left(x + \dfrac{\pi}{6}\right) + 2\sin x$; 　　　　(2) $y = \tan x - 3\cot x$.

2. 不求值确定下列各式的符号:

　(1) $\sin 508° - \sin 144°$; 　　　　(2) $\cos 760° - \sin 1145°$;

　(3) $\cot\left(-\dfrac{19\pi}{7}\right) - \cot\left(-\dfrac{23}{6}\pi\right)$; 　　　　(4) $\tan 320° - \tan 330°$.

3. 用"五点法"作出下列函数在 $[0, 2\pi]$ 上的图像:

　(1) $y = 1 - \sin x$; 　　　(2) $y = -3\cos x$; 　　　(3) $y = |\sin x|$.

4. 已知 $\cos x = \dfrac{a}{2} + \dfrac{1}{2a}$,求 a 的取值范围.

5. 已知 $0 < \alpha < \dfrac{\pi}{4} < \beta < \dfrac{\pi}{2}$,试比较 $(\tan\alpha)^{\tan\beta}$ 与 $(\tan\beta)^{\tan\alpha}$ 的大小.

第五节　已知三角函数值求角

已知任意一个角,可以求出它的三角函数值(角必须属于这个函数的定义域);反过来,如果已知一个角的三角函数值,也可求出它对应的角.

一、已知正弦值,求角

例 1　已知 $\sin x = -\dfrac{\sqrt{2}}{2}$ 且 $x \in [0, 2\pi)$,求 x 的值.

解　由于 $\sin x = -\dfrac{\sqrt{2}}{2} < 0$,所以 x 是第 Ⅲ、Ⅳ 象限的角,

由 $\sin\dfrac{5\pi}{4} = \sin\left(\pi + \dfrac{\pi}{4}\right) = -\dfrac{\sqrt{2}}{2}$ 可知符合条件的第 Ⅲ 象限的角是 $\dfrac{5\pi}{4}$.

又由 $\sin\dfrac{7\pi}{4} = \sin\left(2\pi - \dfrac{\pi}{4}\right) = -\sin\dfrac{\pi}{4} = -\dfrac{\sqrt{2}}{2}$ 可知,符合条件的第 Ⅳ 象限的角是 $\dfrac{7\pi}{4}$.

于是所求的角 x 的取值为

$$x = \dfrac{5\pi}{4} \text{ 或 } x = \dfrac{7\pi}{4}.$$

由上例可以看到函数 $y = \sin x$ 在区间 $[0, 2\pi)$ 上,对 $y \in [-1, 1]$ 的任一个值,有两个角 x 值与之对应,如果考察自变量 x 在整个定义域 $(-\infty, +\infty)$ 上取值,那么对 $y \in [-1, 1]$ 的任

一个值 a，有无穷多个 x 值与之对应. 如果我们限定 x 在区间 $\left[-\dfrac{\pi}{2},\dfrac{\pi}{2}\right]$ 上取值，则由于函数在此区间上单调上升，所以对 $y\in[-1,1]$ 的任一个值 a，x 只有唯一值与之对应.

我们把在区间 $\left[-\dfrac{\pi}{2},\dfrac{\pi}{2}\right]$ 上符合条件 $\sin x = a$ $(-1\leqslant a\leqslant 1)$ 的角 x 叫做实数 a 的**反正弦**，记作 $\arcsin a$，即

$$x = \arcsin a, \quad a\in[-1,1].$$

一般地，函数 $y=\sin x$，$x\in\left[-\dfrac{\pi}{2},\dfrac{\pi}{2}\right]$ 的反函数叫做**反正弦函数**，记作 $y=\arcsin x$，$x\in[-1,1]$.

例 2 求下列反正弦函数值：

(1) $\arcsin\left(-\dfrac{1}{2}\right)$； (2) $\arcsin\dfrac{\sqrt{2}}{2}$；

(3) $\arcsin\dfrac{\sqrt{3}}{2}$； (4) $\arcsin 0.3827$.

解 (1) 因为在 $\left[-\dfrac{\pi}{2},\dfrac{\pi}{2}\right]$ 上，$\sin\left(-\dfrac{\pi}{6}\right)=-\dfrac{1}{2}$，所以

$$\arcsin\left(-\dfrac{1}{2}\right)=-\dfrac{\pi}{6}.$$

(2) 因为在 $\left[-\dfrac{\pi}{2},\dfrac{\pi}{2}\right]$ 上，$\sin\dfrac{\pi}{4}=\dfrac{\sqrt{2}}{2}$，所以

$$\arcsin\dfrac{\sqrt{2}}{2}=\dfrac{\pi}{4}.$$

(3) 因为在 $\left[-\dfrac{\pi}{2},\dfrac{\pi}{2}\right]$ 上，$\sin\dfrac{\pi}{3}=\dfrac{\sqrt{3}}{2}$，所以

$$\arcsin\dfrac{\sqrt{3}}{2}=\dfrac{\pi}{3}.$$

(4) 由查表或用计算器计算，得

$$\sin 22°30'=0.3827,$$

又因为

$$22°30'\in[-180°,180°],$$

所以

$$\arcsin 0.3827 = 22°30'.$$

例 3 已知 $\sin x=-0.2588$ 且 $-180°\leqslant x\leqslant 180°$，求 x.

解 因为 $\sin x=-0.2588$，所以 x 是第 Ⅲ、Ⅳ 象限的角.

先求符合条件 $\sin x=0.2588$ 的锐角 x，查表或使用计算器，得 $x=15°$.

因为

$$\sin(-15°)=-\sin 15°=-0.2588,$$

又因为

$$\sin(-175°)=\sin(15°-180°)=-\sin 15°=-0.2588,$$

所以当 $-180°\leqslant x<180°$ 时，所求的角分别是 $-15°$，$-175°$.

二、已知余弦值，求角

例 4　已知 $\cos x = -\dfrac{\sqrt{3}}{2}$ 且 $x \in [0, 2\pi)$，求 x 的值.

解　因为 $\cos x = -\dfrac{\sqrt{3}}{2} < 0$，所以 x 是第 Ⅱ、Ⅲ 象限的角.

由于在 $0 \leqslant x < 2\pi$ 内，有

$$\cos \frac{5\pi}{6} = \cos\left(\pi - \frac{\pi}{6}\right) = -\cos \frac{\pi}{6} = -\frac{\sqrt{3}}{2},$$

$$\cos \frac{7\pi}{6} = \cos\left(\pi + \frac{\pi}{6}\right) = -\cos \frac{\pi}{6} = -\frac{\sqrt{3}}{2},$$

所以

$$x = \frac{5\pi}{6} \text{ 或 } x = \frac{7\pi}{6}.$$

由例 4 可看到函数 $y = \cos x$ 在区间 $[0, 2\pi)$ 上，对 $y \in (-1, 1)$ 的任一个值，有两个 x 值与之对应，如果考察自变量 x 在整个定义域 $(-\infty, +\infty)$ 内取值，那么对 $y \in [-1, 1]$ 的任一个值 a，有无穷多个 x 值与之对应，如果我们限定 x 在区间 $[0, \pi]$ 上取值，那么对 $y \in [-1, 1]$ 的任一个值 a，x 只有唯一值与之对应.

我们把在区间 $[0, \pi]$ 上符合条件 $\cos x = a$（$-1 \leqslant a \leqslant 1$）的角 x 叫做实数 a 的**反余弦**，并记作 $\arccos a$，即

$$x = \arccos a, \quad a \in [-1, 1].$$

例如 $\arccos \dfrac{1}{2} = \dfrac{\pi}{3}$，$\arccos \dfrac{\sqrt{2}}{2} = \dfrac{\pi}{4}$，$\arccos\left(-\dfrac{1}{2}\right) = \dfrac{2\pi}{3}$ 等.

一般地，函数 $y = \cos x$，$x \in [0, \pi]$ 的反函数叫做**反余弦函数**，记作 $y = \arccos x$，$x \in [-1, 1]$.

三、已知正切值，求角

例 5　已知 $\tan x = -\sqrt{3}$ 且 $x \in \left(-\dfrac{\pi}{2}, \dfrac{\pi}{2}\right)$，求 x 的值.

解　由于正切函数在区间 $\left(-\dfrac{\pi}{2}, \dfrac{\pi}{2}\right)$ 内是单调增加函数，所以正切值等于 $-\sqrt{3}$ 的角 x 有且只有一个. 由

$$\tan\left(-\frac{\pi}{3}\right) = -\tan \frac{\pi}{3} = -\sqrt{3}$$

可知，所求的角

$$x = -\frac{\pi}{3}.$$

一般地，如果 $\tan x = a$　且 $x \in \left(-\dfrac{\pi}{2}, \dfrac{\pi}{2}\right)$，那么对任一实数 a，有且只有一个角 x，使 $\tan x = a$.

我们把在区间 $\left(-\dfrac{\pi}{2}, \dfrac{\pi}{2}\right)$ 内符合条件 $\tan x = a$（$a \in \mathbf{R}$）的角 x 叫做实数 a 的**反正切**，并记作 $\arctan a$，即

$$x = \arctan a, \quad a \in (-\infty, +\infty)$$

例如，$\arctan\dfrac{\sqrt{3}}{3}=\dfrac{\pi}{6}$，$\arctan\sqrt{3}=\dfrac{\pi}{3}$，$\arctan(-1)=-\dfrac{\pi}{4}$ 等.

一般地，函数 $y=\tan x$，$x\in\left(-\dfrac{\pi}{2},\dfrac{\pi}{2}\right)$ 的反函数，叫做**反正切函数**，记作 $y=\arctan x$，$x\in(-\infty,+\infty)$.

例 6　已知 $\tan x=1$，求角 x 的集合.

解法 1　因为 $\tan x=1>0$，所以角 x 是第 I、III 象限的角.

由于

$$\tan\frac{\pi}{4}=1,$$

$$\tan\frac{5}{4}\pi=\tan\left(\pi+\frac{\pi}{4}\right)=\tan\frac{\pi}{4}=1.$$

所以

$$x=2k\pi+\frac{\pi}{4}\ (k\in\mathbf{Z}),$$

$$x=2k\pi+\frac{5}{4}\pi=2(k+1)\pi+\frac{\pi}{4}\ (k\in\mathbf{Z}).$$

因为当 $k\in\mathbf{Z}$ 时，$2k+1$ 和 $2(k+1)$ 是整数，所以角 x 的集合为

$$\left\{x\,\middle|\,x=k\pi+\frac{\pi}{4},\quad k\in\mathbf{Z}\right\}.$$

解法 2　因为 $\tan\dfrac{\pi}{4}=1$ 且 $\tan x$ 以 $k\pi$ 为周期，所以

$$\tan\left(k\pi+\frac{\pi}{4}\right)=1\ (k\in\mathbf{Z}).$$

因此角 x 的集合为

$$\left\{x\,\middle|\,x=k\pi+\frac{\pi}{4},\quad k\in\mathbf{Z}\right\}.$$

四、已知余切值，求角

例 7　已知 $\cot x=-\sqrt{3}$ 且 $x\in(0,\pi)$，求 x 的值.

解　由于余切函数在区间 $(0,\pi)$ 内是单调减函数，所以余切值等于 $-\sqrt{3}$ 的角 x 有且只有一个. 由

$$\cot\frac{5\pi}{6}=\cot\left(\pi-\frac{\pi}{6}\right)=-\cot\frac{\pi}{6}=-\sqrt{3}$$

可知，所求的角

$$x=\frac{5\pi}{6}.$$

一般地，如果 $\cot x=a$ 且 $x\in(0,\pi)$，那么对任一实数 a，有且只有一个角 x，使 $\cot x=a$.

我们把在区间 $(0,\pi)$ 内符合条件 $\cot x=a\ (a\in\mathbf{R})$ 的角 x 叫做实数 a 的**反余切**，并记作 $\mathrm{arccot}\,a$，即

$$x=\mathrm{arccot}\,a,\quad a\in(-\infty,+\infty)$$

例如，$\mathrm{arccot}\,1=\dfrac{\pi}{4}$，$\mathrm{arccot}\dfrac{\sqrt{3}}{3}=\dfrac{\pi}{3}$，$\mathrm{arccot}(-1)=\dfrac{3\pi}{4}$ 等.

一般地,函数 $y=\cot x$,$x\in(0,\pi)$ 的反函数,叫做**反余切函数**,记作 $y=\text{arccot}\,x$,$x\in(-\infty,+\infty)$.

习　题　4-5

1. 根据下列条件,求在 $(0,2\pi)$ 内角 θ:

  (1) $\sin\theta=-\dfrac{1}{2}$;   (2) $\cos\theta=-1$;

  (3) $\tan\theta=\dfrac{\sqrt{3}}{3}$;   (4) $\cot\theta=-\sqrt{3}$;

  (5) $\cos\theta=\dfrac{1}{2}$;   (6) $\sin\theta=1$.

2. 求满足下列条件的角 x 的集合:

  (1) $\sin x=-1$;   (2) $\cos x=0$;

  (3) $\tan x=1$;   (4) $\tan x=-\dfrac{\sqrt{3}}{3}$.

3. 已知 A,B 是三角形的内角,且 $\cos A=-\dfrac{1}{2}$,$\sin B=\dfrac{1}{2}$,求角 A,B.

第六节　解斜三角形

在初中已经学过了直角三角形的解法,但在生产实践中常常遇到解斜三角形的问题,本节将介绍正弦定理和余弦定理,并利用这两个定理来解斜三角形.

一、正弦定理和余弦定理

设在 $\triangle ABC$ 中,$AB=c$,$AC=b$,$BC=a$(如图 4-19 所示),则有下面的定理:

正弦定理　在一个三角形中,各边和它所对角的正弦的比相等,即

$$\frac{a}{\sin A}=\frac{b}{\sin B}=\frac{c}{\sin C}. \tag{4-18}$$

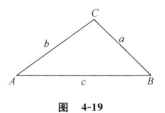

图　4-19

余弦定理　三角形任何一边的平方等于其他两边的平方和减去这两边和它们的夹角的余弦之积的两倍,即

$$\begin{aligned}
a^2 &= b^2+c^2-2bc\cos A,\\
b^2 &= c^2+a^2-2ca\cos B,\\
c^2 &= a^2+b^2-2ab\cos C.
\end{aligned} \tag{4-19}$$

证明从略.

二、斜三角形的解法

 1. 用正弦定理解斜三角形

利用正弦定理,可以解下面两类斜三角形的问题:

(1) 已知三角形的两角和任一边,求其他两边和一角.

(2) 已知三角形的两边和其中一边的对角,求其他两角和一边.

例 1　如图 4-20 所示，在△ABC 中，$a=10$，$\angle B=45°$，$\angle A=105°$，求边 b,c 和 $\angle C$.

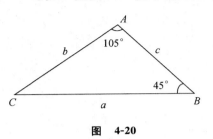

图　4-20

解　$\angle C=180°-(\angle B+\angle A)$

$\qquad\qquad =180°-(45°+105°)=30°.$

由正弦定理 $\dfrac{a}{\sin A}=\dfrac{b}{\sin B}=\dfrac{c}{\sin C}$，得

$$b=\frac{a\sin B}{\sin A}=\frac{10\sin 45°}{\sin 105°}\approx 7.3,$$

$$c=\frac{a\sin C}{\sin A}=\frac{10\sin 30°}{\sin 75°}\approx 5.2.$$

例 2　如图 4-21 所示，在△ABC 中，$b=4\sqrt{3}$，$c=4\sqrt{2}$，$\angle B=60°$，求边 a，$\angle A$ 和 $\angle C$.

解　由 $\dfrac{b}{\sin B}=\dfrac{c}{\sin C}$，得

$$\sin C=\frac{c\sin B}{b}=\frac{4\sqrt{2}\sin 60°}{4\sqrt{3}}=\frac{\sqrt{2}}{2}.$$

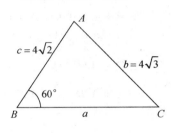

图　4-21

由 $c<b$ 知

$$\angle C<\angle B,$$

所以 $\angle C$ 为锐角，得

$$\angle C=45°,$$

故

$$\angle A=180°-(\angle B+\angle C)=180°-(60°+45°)=75°.$$

由 $\dfrac{a}{\sin A}=\dfrac{b}{\sin B}$，得

$$a=\frac{b\sin A}{\sin B}=\frac{4\sqrt{3}\sin 75°}{\sin 60°}=\frac{4\sqrt{3}\times 0.966}{\dfrac{\sqrt{3}}{2}}\approx 7.728,$$

所以

$$a=7.728,\quad \angle A=75°,\quad \angle C=45°.$$

例 3　如图 4-22 所示，在△ABC 中，$b=3\sqrt{2}$，$c=3\sqrt{3}$，$\angle B=45°$，求 a，$\angle A$ 和 $\angle C$.

解　由 $\dfrac{b}{\sin B}=\dfrac{c}{\sin C}$，得

$$\sin C=\frac{c\sin B}{b}=\frac{3\sqrt{3}\sin 45°}{3\sqrt{2}}=\frac{\sqrt{3}}{2},$$

由 $b<c$ 知

$$\angle B<\angle C,$$

所以 $\angle C$ 可能取锐角或钝角，即有

$$\angle C_1=60°\ 或\ \angle C_2=120°,$$

由 $\angle C_1=60°$，得

$$\angle A_1=180°-(\angle B+\angle C)=180°-(45°+60°)=75°,$$

由 $\angle C_2=120°$，得

$$\angle A_2=180°-(45°+120°)=15°,$$

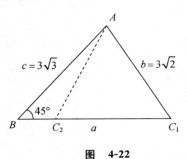

图　4-22

由 $\dfrac{a}{\sin A}=\dfrac{b}{\sin B}$，得

$$a_1=\dfrac{b\sin A_1}{\sin B}=\dfrac{3\sqrt{2}\sin 75°}{\sin 45°}\approx 5.796,$$

$$a_2=\dfrac{b\sin A_2}{\sin B}=\dfrac{3\sqrt{2}\sin 15°}{\sin 45°}\approx 1.554.$$

所以，本题求得两解：

$$a_1=5.796,\quad \angle A_1=75°,\quad \angle C_1=60°;$$

或

$$a_2=1.554,\quad \angle A_2=15°,\quad \angle C_2=120°.$$

由例 3 可知，当已知 $\triangle ABC$ 的两边和短边的对角时，所求结果可能出现两解.

例 4 如图 4-23 所示，要测量河流两岸 A,B 两点的距离，可先在 B 岸另取一点 C，若量得 $BC=523.2\,\text{m}$，$\angle B=80°1'$，$\angle C=36°43'$，求 AB 之间的距离.

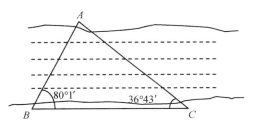

图 4-23

解 $\angle A=180°-\angle B-\angle C=180°-80°1'-36°43'=63°16'$，由 $\dfrac{AB}{\sin C}=\dfrac{BC}{\sin A}$，得

$$AB=\dfrac{BC\sin C}{\sin A}=\dfrac{523.2\times\sin 36°43'}{\sin 63°16'}$$

$$\approx\dfrac{523.2\times 0.5978}{0.8931}\approx 350.2(\text{m}).$$

所以 AB 间的距离为 $350.2\,\text{m}$.

2. 用余弦定理解斜三角形

利用余弦定理可以解下面两类斜三角形的问题：

(1) 已知三角形的两边和它们的夹角，求第三边和两个角.

(2) 已知三角形的三边，求三个角.

例 5 如图 4-24 所示，在 $\triangle ABC$ 中，$a=1.464$，$b=4$，$\angle C=1$

解 由 $c^2=a^2+b^2-2ab\cos C$，得

$$c^2=1.464^2+4^2-2\times 1.464\times 4\times\cos 120°$$

$$\approx 2.143+16+5.857=24,$$

所以

$$c=2\sqrt{6}\approx 4.8990.$$

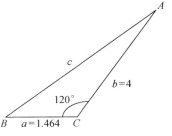

图 4-24

由 $\dfrac{a}{\sin A}=\dfrac{c}{\sin C}$，得

$$\sin A = \frac{a \sin C}{c} = \frac{1.464 \times \sin 120^\circ}{4.8990} \approx 0.2588,$$

所以

$$\angle A = 15^\circ, \quad \angle B = 180^\circ - \angle A - \angle C = 45^\circ.$$

因此本题解为

$$c = 4.8990, \quad \angle A = 15^\circ, \quad \angle B = 45^\circ.$$

例 6   如图 4-25 所示，在 △ABC 中，$a = 1.366, b = 1.225, c = 1$，求 $\angle A, \angle B, \angle C$.

解   由余弦定理 $a^2 = b^2 + c^2 - 2bc \cos A$，得

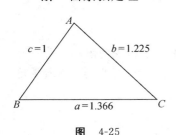

图   4-25

$$\cos A = \frac{b^2 + c^2 - a^2}{2bc} = \frac{1.225^2 + 1^2 - 1.366^2}{2 \times 1.225 \times 1} \approx 0.2588,$$

所以

$$\angle A = 75^\circ.$$

由正弦定理 $\dfrac{a}{\sin A} = \dfrac{c}{\sin C}$，得

$$\sin C = \frac{c \sin A}{a} = \frac{1 \times \sin 75^\circ}{1.366} = \frac{1 \times 0.966}{1.366} = 0.707.$$

所以

$$\angle C = 45^\circ, \quad \angle B = 180^\circ - \angle A - \angle C = 60^\circ.$$

因此本题为

$$\angle A = 75^\circ, \angle B = 60^\circ, \angle C = 45^\circ.$$

习 题 4-6

1. 在 △ABC 中，
   (1) 已知：$a = 49, b = 26, \angle C = 107^\circ$；求 $c, \angle B$；
   (2) 已知：$c = \sqrt{3}, \angle A = 45^\circ, \angle B = 60^\circ$，求 $b, S_\triangle$.

2. 根据下列条件解三角形：
   (1) $b = 26, \quad c = 15, \quad \angle C = 23^\circ$；
   (2) $b = 54, \quad c = 39, \quad \angle C = 115^\circ$.

3. 已知平行四边形两邻边的长分别是 $4\sqrt{6}$ cm 和 $4\sqrt{3}$ cm，它们的夹角是 45°，求这个平行四边形的两条对角线的长和它的面积.

4. 如图 4-26 所示，在山顶铁塔上 B 处测得地面上一点 A 的俯角 $\alpha = 54^\circ 40'$，在塔底 C 处测得点 A 的俯角 $\beta = 50^\circ 1'$. 已知铁塔 BC 部分高 27.3 m，求山高 CD（精确到 1 m）.

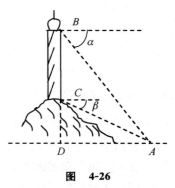

图   4-26

复 习 题 四

1. 填空题：

   (1) 与 $-\dfrac{78}{19}\pi$ 终边相同的绝对值最小的角是 _____，与 $-\dfrac{78}{19}\pi$ 终边相同的最小的正角是 _____.

   (2) 若 α 是第 Ⅳ 象限的角，则 $\dfrac{\alpha}{2}$ 是第 _____ 象限的角；2α 是第 _____ 象限的角.

   (3) 半径为 1 的圆弧所对的弦长为 1，那么该弧长是 _____.

(4) 若 $\sin x + \cos x = m$，则 $\sin x \cos x = $ _____.

(5) 若 $\tan x + \cot x = a$，则 $\tan^2 x + \cot^2 x = $ _____.

(6) 已知 $\dfrac{2\sin\theta + 3\cos\theta}{5\sin\theta - 2\cos\theta} = 1$，则 $\tan\theta = $ _____.

(7) 化简：$\tan(\alpha - 270°) = $ _____.

(8) 计算：$\dfrac{\sin(-45°)\cos135°}{\cot135°\tan(-150°)} = $ _____.

(9) 化简：$\sin\left(\alpha - \dfrac{3\pi}{2}\right) - \cos(\alpha - 2\pi) = $ _____.

(10) 已知 $\tan(k\pi - \alpha) = \dfrac{1}{2}$ $(k \in \mathbf{Z})$，则 $\sin(270° + \alpha) = $ _____.

2. 选择题：

(1) 下面结论正确的是（　　）.

　A. 第 I 象限的角都是锐角

　B. $\tan\alpha = 1$，则 $\alpha = \dfrac{\pi}{4}$

　C. 终边在 y 轴上的角的集合为 $\left\{\beta \mid \beta = k\pi + \dfrac{\pi}{2}, k \in \mathbf{Z}\right\}$

　D. 所有一弧度的弧长都是相等的

(2) 设 $\tan\alpha = a$ $(a > 0)$，$\sin\alpha = -\dfrac{a}{\sqrt{1+a^2}}$，则 α 是（　　）.

　A. 第 I 象限角　　B. 第 II 象限角　　C. 第 III 象限角　　D. 第 IV 象限角

(3) 若 $\sin\alpha > 0$，则角 α 是（　　）.

　A. $\alpha < \pi$

　B. $0 < \alpha < \pi$

　C. $k\pi < \alpha < (k+1)\pi$ $(k \in \mathbf{Z})$

　D. $2k\pi < \alpha < (2k+1)\pi$ $(k \in \mathbf{Z})$

(4) 若 α 是第 IV 象限角，则 $\dfrac{\sec\alpha}{\sqrt{1+\tan^2\alpha}} + \dfrac{2\tan\alpha}{\sqrt{\sec^2\alpha - 1}}$ 的值为（　　）.

　A. 3　　　　　　B. -3　　　　　　C. 1　　　　　　D. -1

(5) 若 $\dfrac{\cos\alpha}{\sqrt{1+\tan^2\alpha}} + \dfrac{\sin\alpha}{\sqrt{1+\cot^2\alpha}} = -1$，那么角 α 所在的象限为（　　）.

　A. 在第 II 象限　　　　　　　　B. 仅在第 III 象限

　C. 仅在第 IV 象限　　　　　　　D. 在第 II 象限或第 III 象限

(6) 化简 $\sqrt{\dfrac{2\sin^2\theta + \cos^2\theta}{\sec^4\theta - \tan^4\theta}} = $（　　），其中 $\dfrac{\pi}{2} < \theta < \pi$.

　A. $\cos\theta$　　　　B. $\sin\theta$　　　　C. $-\cos\theta$　　D. $-\sin\theta$

(7) $\sin\left(\theta - \dfrac{\pi}{2}\right) = $（　　）.

　A. $\cos\left(\theta + \dfrac{\pi}{2}\right)$　　B. $\sin\left(\dfrac{\pi}{2} - \theta\right)$　　C. $\cos\theta$　　D. $\sin\left(\theta + \dfrac{3\pi}{2}\right)$

(8) 化简 $\dfrac{\sin(-\alpha)\sec(-\alpha)}{\cos(-\alpha)\csc(-\alpha)} = $（　　）.

　A. $-\tan^2\theta$　　　B. 1　　　　　　C. $\tan^2\theta$　　D. -1

3. 已知 $\sin\alpha = 2\cos\alpha$，求角 α 的六个三角函数值.

4. 已知 $\sin\alpha = \dfrac{4}{5}$，求 $\dfrac{1-\tan\alpha}{1+\tan\alpha} + \dfrac{\cot\alpha+1}{\cot\alpha-1}$ 的值.

5. 化简下列各式：

(1) $(\csc\alpha - \sin\alpha)(\sec\alpha - \cos\alpha)(\tan\alpha + \cot\alpha)$；

(2) $\dfrac{1-\sin x\cos x}{\cos x(\sec x - \csc x)} \cdot \dfrac{\sin^2 x - \cos^2 x}{\sin x(\sin^3 x + \cos^3 x)}$；

(3) $\sqrt{\sec^2\alpha - 1} + \dfrac{2\sec\alpha}{\sqrt{\cot^2\alpha + 1}} + \dfrac{3\sin\alpha}{\sqrt{1-\sin^2\alpha}}$（$\alpha$ 是第 II 象限的角）；

(4) $\dfrac{\tan\left(\dfrac{\pi}{2}+\alpha\right)\cos\left(\dfrac{3\pi}{2}-\alpha\right)\cos(2\pi-\alpha)}{\cot(2\pi-\alpha)\sin\left(\dfrac{3\pi}{2}+\alpha\right)}$；

(5) $\sin(30°+\alpha)\tan(45°+\alpha)\tan(45°-\alpha)\sec(60°-\alpha)$；

(6) $\dfrac{\sqrt{1-2\sin10°\cos10°}}{\cos10° - \sqrt{1-\cos^2170°}}$.

6. 证明下列各恒等式：

(1) $(\sin x + \cos x)(\tan x + \cot x) = \sec x + \csc x$；

(2) $\sin^2\alpha + \sin^2\beta - \sin^2\alpha\sin^2\beta + \cos^2\alpha\cos^2\beta = 1$；

(3) $\left(\sqrt{\dfrac{1+\sin A}{1-\sin A}} - \sqrt{\dfrac{1-\sin A}{1+\sin A}}\right)^2 = 4\tan^2 A \quad \left(0 < A < \dfrac{\pi}{2}\right)$；

(4) $\sin(-\alpha)\sin(\pi-\alpha) - \tan(-\alpha)\cot(\alpha-\pi) - 2\cos^2(-\alpha) + 1 = \sin^2\alpha$；

(5) $\dfrac{\sin(\pi+\alpha)}{\sin\left(\dfrac{3\pi}{2}-\alpha\right)} - \dfrac{\tan\left(\dfrac{3\pi}{2}+\alpha\right)}{\cot(\pi-\alpha)} + \tan(\pi-\alpha) + \cos0 = 0$.

7. 已知 $\sin(180°+\alpha) = \dfrac{1}{2}$，计算：

(1) $\sin(270°+\alpha)$；

(2) $\tan(\alpha-90°)$.

8. 根据下列条件解三角形.

(1) 已知：$\angle A = 60°, \angle B = 45°, c = 10$.

(2) 已知：$a = 4, b = 5, c = 6$.

【数学史典故 4】

三角函数的由来

17 世纪前叶，三角函数由瑞士人邓玉函（Jean Terrenz，1576—1630）传入中国，在邓玉函的著作《大测》二卷中，主要论述了三角函数的性质及三角函数表的制作和用法.当时，三角函数是用八条线段的长来定义的，这已与我们刚学过的三角函数线十分类似.

"三角学"，英文 trigonometry，法文 trigonometrie，德文 trigonometrie，都来自拉丁文 trigonometria.现代三角学一词最初见于希腊文.最先使用 trigonometry 这个词的是皮蒂斯楚斯(Bartholomeo Pitiscus,1516—1613).他在 1595 年出版的一本著作《三角学:解三角学的简明处理》中创造了这个新词,原意为三角形的测量,或者说解三角形.古希腊文里没有这个字,原因是当时三角学还没有形成一门独立的科学,而是依附于天文学.因此解三角形构成了古代三角学的实用基础.

早期的解三角形是因天文观测的需要而引起的.还在很早的时候,由于垦殖和畜牧的需要,人们开始作长途迁移;后来,贸易的发展和求知的欲望又推动他们去长途旅行.在当时,这种迁移和旅行是一种冒险的行动.人们穿越无边无际、荒无人烟的草地和原始森林,或者经水路沿着海岸线作长途航行,无论是哪种方式,都首先要明确方向.那时,人们白天拿太阳作路标,夜里则以星星为指路灯.太阳和星星给长期跋山涉水的商队指出了正确的道路,也给那些沿着遥远的异域海岸航行的人指出了正确方向.

就这样,最初的以太阳和星星为目标的天文观测,以及为这种观测服务的原始的三角测量就应运而生了.因此可以说,三角学的早期发展是同天文学紧密相联系的.

一、三角学问题的提出

三角学理论的基础,是对三角形各元素之间相依关系的认识.一般认为,这一认识最早是由希腊天文学家获得的.当时,希腊天文学家为了正确地测量天体的位置.研究天体的运行轨道,力求把天文学发展成为一门以精确的观测和正确的计算为基础的具有定量分析的科学.他们给自己提出的第一个任务是解直角三角形,因为进行天文观测时,人与星球以及大地的位置关系,通常是以直角三角形边角之间的关系反映出来的.在很早以前,希腊天文学家从天文观测的经验中获得了这样一个认识:星球距地面的高度是可以通过人观测星球时所采用的角度来反映的.然而,星球的高度与人观测的角度之间在数量上究竟怎么样呢?能不能把各种不同的角度所反映的星球的高度都一一算出来呢? 这就是天文学向数学提出的第一个课题——制造弦表.

二、独立三角学的产生

虽然后期的阿拉伯数学家已经开始对三角学进行专门的整理和研究,他们的工作也可以算作是使三角学从天文学中独立出来的表现,但是严格地说,他们并没有创立起一门独立的三角学.真正把三角学作为数学的一个独立学科加以系统叙述的,是德国数学家雷基奥蒙坦纳斯.

雷基奥蒙坦纳斯是 15 世纪最有声望的德国数学家约翰•谬勒的笔名.他生于哥尼斯堡,年轻时就积极从事欧洲文艺复兴时期作品的收集和翻译工作,并热心出版古希腊和阿拉伯著作.因此对阿拉伯数学家们在三角方面的工作比较了解.

1464 年,他以雷基奥蒙坦纳斯的名字发表了《论各种三角形》.在书中,他把以往散见于各种书上的三角学知识,系统地综合了起来,成了三角学在数学上的一个分支.

三、现代三角学的确认

直到 18 世纪,所有的三角量:正弦、余弦、正切、余切、正割和余割,都始终被认为是已知圆内与同一条弧有关的某些线段,即三角学是以几何的面貌表现出来的,这也可以说是三角学的古典面貌.三角学的现代特征,是把三角量作为函数,即看做是一种与角相对应的函数值.这方面的工作是由欧拉作出的.1748 年,欧拉发表著名的《无穷小分析引论》,指出“三角函数是一种函数线与圆半径的比值”.具体地说,任意一个角的三角函数,都可以认为是以这个角的顶点为圆心，以某定长为半径作圆，由角的一边与圆周的交点 P 向另一边作垂线 PM 后，所得的线段 OP,OM,MP（即函数线）相互之间所取的比值，$\sin\alpha=\dfrac{MP}{OP}$，$\cos\alpha=\dfrac{OM}{OP}$，$\tan\alpha=\dfrac{MP}{OM}$ 等．若令半径为单位长，那么所有的六个三角函数又可大为简化．

欧拉的这个定义是极其科学的，它使三角学从静态地只是研究三角形解法的狭隘天地中解脱了出来，使它有可能去反映运动和变化的过程，从而使三角学成为一门具有现代特征的分析性学科．正如欧拉所说，引进三角函数以后，原来意义下的正弦等三角量，都可以脱离几何图形去进行自由的运算．一切三角关系式也将很容易地从三角函数的定义出发直接得出．这样，就使得从希帕克起许多数学家为之奋斗而得出的三角关系式，有了坚实的理论依据．严格地说，这时才使三角学真正确立．

四、"正弦"的由来

三角学的六个基本函数中，最早开始独立研究的是正弦函数．正弦概念的形成是从造弦表开始的．公元前 2 世纪古希腊天文学家希帕克，为了天文观察的需要，着手造表工作．这些成果是从托勒密的遗著《天文集》中得到的．托勒密第一个采用了巴比伦人的 60 进位制，把圆周分为 360 等份，但他并没给出"度"、"分"、"秒"的名词，而是用"第一小分"、"第二小分"等字样进行描述．在 1570 年由卡拉木起用了"°"的符号来表示"度"，以及"分"、"秒"等名称．书中又给出了"托勒密定理"来推算弦、弧及圆心角的关系及公式．

第一张正弦表由印度的数学家阿耶波多（约 476—550）造出来的．虽然他直接接触了正弦，但他并没有给出名称．他称连接圆弧两端的直线为"弓弦"．后来相关著作被译成阿拉伯文，12 世纪，"弓弦"一词由阿拉伯文翻译成拉丁文时，被译成了 sinus，这就是"正弦"这一术语的来历．1631 年邓玉函与汤若望等人编《大测》一书，将 sinus 译成"正半弦"，简称为正弦，这是我国"正弦"这一术语的由来．

五、其他三角函数相继使用

早期人们把与已知角 α 相加成 $90°$ 角的正弦，叫做 α 的附加正弦，它的拉丁文简写为 sinusco 或 cosinus，后来便缩写成 cos．

公元 8 世纪阿拉伯的天文学家和数学家阿尔·巴坦尼，为了测量太阳的仰角 α，分别在地上和墙上各置一直立与水平的杆子，求阴影长 b，以测定太阳的仰角 α．阴影长 b 的拉丁文译文名叫"直阴影"，水平插在墙上的杆的影长叫做"反阴影"，"直阴影"后来变成余切，"反阴影"叫做正切．

大约半个世纪后，另一位中亚天文学家、数学家阿布尔·威发计算了每隔 $10°$ 的正弦和正切表，并首次引进了正割与余割．

cosine（余弦）及 cotangent（余切）为英国人根日尔首先使用，最早在 1620 年伦敦出版的他所著的《炮兵测量学》中出现．

secant（正割）及 tangent（正切）为丹麦数学家托马斯·芬克首创，最早见于他的《圆几何学》一书中．

cosecant（余割）一词为锐梯卡斯所创，最早见于他 1596 年出版的《宫廷乐章》一书．

1626 年，阿贝尔特·格洛德最早推出简写的三角符号："sin"，"tan"，"sec"．1675 年，英国人奥屈特最早推出余下的简写三角符号："cos"，"cot"，"csc"．但直到 1748 年，经过数学家欧拉的引用后,才逐渐通用起来.

从 1949 年至今,由于受苏联教材的影响,我国数学书籍中将"cot"改为"ctg","tan"改为"tg",其余四个符号均未变.这就是为什么我国市场上流行的进口函数计算器上有"tan"而无"tg"按键的缘故.

（摘自百度百科）

第五章 加法定理及其推论、正弦型曲线

本章主要讨论正弦、余弦、正切的加法定理以及由它们导出的二倍角公式,并研究用"五点法"作函数 $y=A\sin(\omega x+\varphi)$ 的图像.

第一节 两角和与差的正弦、余弦与正切

我们知道 $\sin(30°+60°)=\sin90°=1$,而 $\sin30°+\sin60°=\dfrac{1}{2}+\dfrac{\sqrt{3}}{2}\neq1$,所以

$$\sin(30°+60°)\neq\sin30°+\sin60°.$$

由此可知

$$\sin(\alpha+\beta)\neq\sin\alpha+\sin\beta.$$

下面我们推导用角 α 和 β 的正弦、余弦来表示角 $\alpha\pm\beta$ 的正弦和余弦.

一、正弦、余弦的加法定理

在直角坐标系中作出角 α,β 和 $\alpha-\beta$,它们的始边与单位圆的交点为 P_0,终边与单位圆的交点分别 P_1,P_2 和 P_3(如图 5-1 所示). 这时 P_0,P_1,P_2,P_3 的坐标分别是

$$P_0(1,0),\quad P_1(\cos\alpha,\sin\alpha),\quad P_2(\cos\beta,\sin\beta),\quad P_3(\cos(\alpha-\beta),\sin(\alpha-\beta)),$$

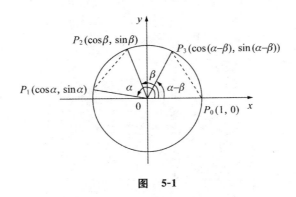

图 5-1

由两点间的距离公式,得

$$|P_0P_3|^2=[\cos(\alpha-\beta)-1]^2+[\sin(\alpha-\beta)-0]^2=2-2\cos(\alpha-\beta),$$
$$|P_2P_1|^2=(\cos\alpha-\cos\beta)^2+(\sin\alpha-\sin\beta)^2=2-2(\cos\alpha\cos\beta+\sin\alpha\sin\beta).$$

因为

$$\angle P_0OP_3=\angle P_2OP_1=\alpha-\beta,$$

所以

$$|P_0P_3|^2=|P_2P_1|^2.$$

因此

$$2-2\cos(\alpha-\beta)=2-2(\cos\alpha\cos\beta+\sin\alpha\sin\beta),$$

即

$$\cos(\alpha-\beta)=\cos\alpha\cos\beta+\sin\alpha\sin\beta. \qquad (5\text{-}1)$$

又因为

$$\begin{aligned}\cos(\alpha+\beta)&=\cos[\alpha-(-\beta)]\\&=\cos\alpha\cos(-\beta)+\sin\alpha\sin(-\beta)\\&=\cos\alpha\cos\beta-\sin\alpha\sin\beta,\end{aligned}$$

所以

$$\cos(\alpha+\beta)=\cos\alpha\cos\beta-\sin\alpha\sin\beta. \qquad (5\text{-}2)$$

公式(5-1)和公式(5-2)称为**余弦的加法定理**.

再由简化公式,得

$$\begin{aligned}\sin(\alpha+\beta)&=\cos\left[\frac{\pi}{2}-(\alpha+\beta)\right]=\cos\left[\left(\frac{\pi}{2}-\alpha\right)-\beta\right]\\&=\cos\left(\frac{\pi}{2}-\alpha\right)\cos\beta+\sin\left(\frac{\pi}{2}-\alpha\right)\sin\beta\\&=\sin\alpha\cos\beta+\cos\alpha\sin\beta,\end{aligned}$$

即

$$\sin(\alpha+\beta)=\sin\alpha\cos\beta+\cos\alpha\sin\beta, \qquad (5\text{-}3)$$

又因为

$$\begin{aligned}\sin(\alpha-\beta)&=\sin[\alpha+(-\beta)]=\sin\alpha\cos(-\beta)+\cos\alpha\sin(-\beta)\\&=\sin\alpha\cos\beta-\cos\alpha\sin\beta,\end{aligned}$$

所以

$$\sin(\alpha-\beta)=\sin\alpha\cos\beta-\cos\alpha\sin\beta \qquad (5\text{-}4)$$

公式(5-3)、公式(5-4)称为**正弦的加法定理**.

例1 不查表计算下列各式的值:

(1) $\sin15°$；　　　　　　　　　　(2) $\cos\dfrac{7\pi}{12}$.

解 (1) $\begin{aligned}\sin15°&=\sin(45°-30°)\\&=\sin45°\cos30°-\cos45°\sin30°\\&=\frac{\sqrt2}{2}\times\frac{\sqrt3}{2}-\frac{\sqrt2}{2}\times\frac12=\frac{\sqrt6-\sqrt2}{4}.\end{aligned}$

(2) $\begin{aligned}\cos\frac{7\pi}{12}&=\cos\left(\frac{\pi}{4}+\frac{\pi}{3}\right)\\&=\cos\frac{\pi}{4}\cos\frac{\pi}{3}-\sin\frac{\pi}{4}\sin\frac{\pi}{3}\\&=\frac{\sqrt2}{2}\times\frac12-\frac{\sqrt2}{2}\times\frac{\sqrt3}{2}=\frac{\sqrt2-\sqrt6}{4}.\end{aligned}$

例2 已知 $\sin\alpha=\dfrac34,\alpha\in\left(\dfrac{\pi}{2},\pi\right),\cos\beta=-\dfrac13,\beta\in\left(\pi,\dfrac32\pi\right)$,求 $\cos(\alpha+\beta)$ 的值.

解 由 $\sin\alpha=\dfrac34,\alpha\in\left(\dfrac{\pi}{2},\pi\right)$ 得

$$\cos\alpha=-\sqrt{1-\sin^2\alpha}=-\sqrt{1-\left(\frac{3}{4}\right)^2}=-\frac{\sqrt{7}}{4}.$$

由 $\cos\beta=-\frac{1}{3}$，$\beta\in\left(\pi,\frac{3}{2}\pi\right)$ 得

$$\sin\beta=-\sqrt{1-\cos^2\beta}=-\sqrt{1-\left(-\frac{1}{3}\right)^2}=-\frac{2}{3}\sqrt{2},$$

所以

$$\cos(\alpha+\beta)=\cos\alpha\cos\beta-\sin\alpha\sin\beta$$

$$=\left(-\frac{\sqrt{7}}{4}\right)\times\left(-\frac{1}{3}\right)-\frac{3}{4}\times\left(-\frac{2}{3}\sqrt{2}\right)$$

$$=\frac{\sqrt{7}+6\sqrt{2}}{12}.$$

例 3　已知 $\cos\varphi=\frac{3}{5}$，$\varphi\in\left(-\frac{\pi}{2},0\right)$，求 $\sin\left(\varphi+\frac{\pi}{3}\right)$ 的值.

解　由 $\cos\varphi=\frac{3}{5}$，$\varphi\in\left(-\frac{\pi}{2},0\right)$ 得

$$\sin\varphi=-\sqrt{1-\cos^2\varphi}=-\sqrt{1-\left(\frac{3}{5}\right)^2}=-\frac{4}{5},$$

所以

$$\sin\left(\varphi+\frac{\pi}{3}\right)=\sin\varphi\cos\frac{\pi}{3}+\cos\varphi\sin\frac{\pi}{3}$$

$$=\left(-\frac{4}{5}\right)\times\frac{1}{2}+\frac{3}{5}\times\frac{\sqrt{3}}{2}=\frac{-4+3\sqrt{3}}{10}.$$

例 4　化简：$\dfrac{\cos(33°-x)\cos(27°+x)-\sin(33°-x)\sin(27°+x)}{\sin(25°+2x)\cos(65°-2x)+\cos(25°+2x)\sin(65°-2x)}.$

解　原式 $=\dfrac{\cos[(33°-x)+(27°+x)]}{\sin[(25°+2x)+(65°-2x)]}=\dfrac{\cos60°}{\sin90°}=\dfrac{1}{2}.$

例 5　已知 $\sin\alpha=\dfrac{1}{\sqrt{5}}$，$\sin\beta=\dfrac{1}{\sqrt{10}}$ 且 α,β 均为锐角，求 $\alpha+\beta$ 的值.

解　因为 α,β 均为锐角，且由 $\sin\alpha=\dfrac{1}{\sqrt{5}}$，　$\sin\beta=\dfrac{1}{\sqrt{10}}$，得

$$\cos\alpha=\sqrt{1-\sin^2\alpha}=\sqrt{1-\left(\frac{1}{\sqrt{5}}\right)^2}=\frac{2}{\sqrt{5}},$$

$$\cos\beta=\sqrt{1-\sin^2\beta}=\sqrt{1-\left(\frac{1}{\sqrt{10}}\right)^2}=\frac{3}{\sqrt{10}},$$

所以

$$\cos(\alpha+\beta)=\cos\alpha\cos\beta-\sin\alpha\sin\beta$$

$$=\frac{2}{\sqrt{5}}\times\frac{3}{\sqrt{10}}-\frac{1}{\sqrt{5}}\times\frac{1}{\sqrt{10}}=\frac{5}{\sqrt{50}}=\frac{\sqrt{2}}{2}.$$

由 $0<\alpha<\frac{\pi}{2}$，$0<\beta<\frac{\pi}{2}$，得

$$0<\alpha+\beta<\pi,$$

于是

$$\alpha+\beta=\frac{\pi}{4}.$$

二、正切的加法定理

因为

$$\tan(\alpha+\beta)=\frac{\sin(\alpha+\beta)}{\cos(\alpha+\beta)}=\frac{\sin\alpha\cos\beta+\cos\alpha\sin\beta}{\cos\alpha\cos\beta-\sin\alpha\sin\beta},$$

所以当 $\cos\alpha\cos\beta\neq0$ 时,把上式分子分母同时除以 $\cos\alpha\cos\beta$,得

$$\tan(\alpha+\beta)=\frac{\tan\alpha+\tan\beta}{1-\tan\alpha\tan\beta}. \qquad(5\text{-}5)$$

把公式(5-5)中的 β 换成 $-\beta$,得

$$\tan(\alpha-\beta)=\frac{\tan\alpha-\tan\beta}{1+\tan\alpha\tan\beta}. \qquad(5\text{-}6)$$

公式(5-5)、公式(5-6)称为**正切加法定理**.

在使用上面两个公式时应当注意 α,β 的值,要使 $\tan\alpha,\tan\beta$ 及 $\tan(\alpha\pm\beta)$ 都存在,即 α,β 及 $\alpha\pm\beta$ 都不能取 $k\pi+\frac{\pi}{2}$ $(k\in\mathbf{Z})$.

例 6 已知 $\tan\alpha=\frac{1}{3}$,$\tan\beta=-\frac{2}{5}$,求 $\tan(\alpha+\beta)$ 和 $\cot(\alpha-\beta)$ 的值.

解 $\tan(\alpha+\beta)=\dfrac{\tan\alpha+\tan\beta}{1-\tan\alpha\tan\beta}=\dfrac{\frac{1}{3}+\left(-\frac{2}{5}\right)}{1-\frac{1}{3}\times\left(-\frac{2}{5}\right)}=-\dfrac{1}{17}$,

$\cot(\alpha-\beta)=\dfrac{1}{\tan(\alpha-\beta)}=\dfrac{1+\tan\alpha\tan\beta}{\tan\alpha-\tan\beta}=\dfrac{1+\frac{1}{3}\times\left(-\frac{2}{5}\right)}{\frac{1}{3}-\left(-\frac{2}{5}\right)}=\dfrac{13}{11}$.

例 7 计算:$\dfrac{\tan75°-1}{1+\tan75°}$.

解 原式 $=\dfrac{\tan75°-\tan45°}{1+\tan75°\tan45°}=\tan(75°-45°)=\tan30°=\dfrac{\sqrt{3}}{3}$.

习 题 5-1

1. 已知 $\sin\alpha=\frac{12}{13}$,$\sin\beta=-\frac{3}{5}$ 且 $\alpha\in\left(0,\frac{\pi}{2}\right)$,$\beta\in\left(\pi,\frac{3}{2}\pi\right)$,求 $\sin(\alpha+\beta)$ 的值.

2. 已知 $\cos\theta=-\frac{4}{5}$ 且 $\theta\in\left(\frac{\pi}{2},\pi\right)$,求 $\cos\left(\theta+\frac{\pi}{3}\right)$ 的值.

3. 已知 $\tan\alpha=\frac{1}{2}$,$\tan\beta=\frac{1}{5}$,求 $\tan(\alpha+\beta)$ 和 $\tan(\alpha-\beta)$ 的值.

4. 已知 α,β 都是锐角且 $\sin\alpha=\frac{8}{17}$,$\sin\beta=\frac{15}{17}$,求证:$\alpha+\beta=90°$.

5. 化简下列各式:

(1) $\sin(30°+\alpha)-\sin(30°-\alpha)$;

(2) $\dfrac{\sin(45°+\alpha)-\cos(45°+\alpha)}{\sin(45°+\alpha)+\cos(45°+\alpha)}$;

(3) $\cos x+\cos(120°+x)+\cos(120°-x)$；

(4) $\dfrac{\sin(\alpha-\beta)}{\sin\alpha\,\sin\beta}+\dfrac{\sin(\beta-\gamma)}{\sin\beta\sin\gamma}+\dfrac{\sin(\gamma-\alpha)}{\sin\gamma\sin\alpha}$.

6. 证明下列恒等式：

(1) $\cos(\alpha+\beta)\cos(\alpha-\beta)=\cos^2\alpha-\sin^2\beta$；

(2) $\dfrac{\sin(\alpha+\beta)\sin(\alpha-\beta)}{\sin^2\alpha-\sin^2\beta}=1$；

(3) $\dfrac{\tan\alpha+\tan\beta}{1+\tan\alpha\tan\beta}=\dfrac{\sin(\alpha+\beta)}{\cos(\alpha-\beta)}$.

7. 已知：$\sin\alpha=\dfrac{3}{5}$，$\cot\beta=-2$ 且 $\alpha\in\left(\dfrac{\pi}{2},\pi\right)$，求 $\tan(\alpha-\beta)$ 的值.

8. $\triangle ABC$ 的三个内角分别用 A,B,C 表示，且 $\tan A,\tan B$ 是方程 $77x^2-65x+12=0$ 的两个根，求角 C.

第二节　二倍角的三角函数

利用加法定理，可以导出用 α 的三角函数表示角 2α 的三角函数的公式.

设 $\beta=\alpha$，则由公式 $\sin(\alpha+\beta)=\sin\alpha\cos\beta+\cos\alpha\sin\beta$，得

$$\sin2\alpha=2\sin\alpha\cos\alpha. \qquad (5\text{-}7)$$

由公式 $\cos(\alpha+\beta)=\cos\alpha\cos\beta-\sin\alpha\sin\beta$，得

$$\cos2\alpha=\cos^2\alpha-\sin^2\alpha$$
$$=1-2\sin^2\alpha=2\cos^2\alpha-1. \qquad (5\text{-}8)$$

由公式 $\tan(\alpha+\beta)=\dfrac{\tan\alpha+\tan\beta}{1-\tan\alpha\tan\beta}$，得

$$\tan2\alpha=\dfrac{2\tan\alpha}{1-\tan^2\alpha}. \qquad (5\text{-}9)$$

公式(5-7)、公式(5-8)、公式(5-9)分别称为 α 的二倍角的正弦、余弦和正切的转化公式，统称角 α 的二倍角公式.

例1 已知 $\cos\theta=\dfrac{2}{3}$，θ 是第Ⅳ象限的角，求 $\sin2\theta$，$\cos2\theta$ 和 $\tan2\theta$ 的值.

解 由于 θ 是第Ⅳ象限的角，所以

$$\sin\theta=-\sqrt{1-\cos^2\theta}=-\sqrt{1-\left(\dfrac{2}{3}\right)^2}=-\dfrac{\sqrt5}{3},$$

$$\tan\theta=\dfrac{\sin\theta}{\cos\theta}=\dfrac{-\dfrac{\sqrt5}{3}}{\dfrac{2}{3}}=-\dfrac{\sqrt5}{2},$$

因此，分别根据二倍角公式，可得

$$\sin2\theta=2\sin\theta\cos\theta=2\times\left(-\dfrac{\sqrt5}{3}\right)\times\dfrac{2}{3}=-\dfrac{4\sqrt5}{9},$$

$$\cos2\theta=1-2\sin^2\theta=1-2\times\left(-\dfrac{\sqrt5}{3}\right)^2=-\dfrac{1}{9},$$

$$\tan 2\theta = \frac{2\tan\theta}{1-\tan^2\theta} = \frac{2\times\left(-\frac{\sqrt5}{2}\right)}{1-\left(-\frac{\sqrt5}{2}\right)^2} = 4\sqrt5.$$

例 2　计算下列各式：

(1) $\sin^2\dfrac{\pi}{8}-\cos^2\dfrac{\pi}{8}$；　　　　　　　　(2) $\dfrac{1-\cot^2 67°30'}{2\tan 22°30'}$.

解　(1) 根据公式(5-8)，得

$$原式 = -\left(\cos^2\frac{\pi}{8}-\sin^2\frac{\pi}{8}\right) = -\cos\frac{\pi}{4} = -\frac{\sqrt2}{2}.$$

(2) 根据公式(5-9)，得

$$原式 = \frac{1}{\dfrac{2\tan 22°30'}{1-\tan^2 22°30'}} = \frac{1}{\tan 45°} = 1.$$

二倍角公式中左端的角是右端角的 2 倍，据此，可以推广二倍角公式.

例如，用 $\dfrac{\alpha}{2}$ 的三角函数表示它们的二倍角 α 的三角函数为

$$\sin\alpha = 2\sin\frac{\alpha}{2}\cos\frac{\alpha}{2};$$

$$\cos\alpha = \cos^2\frac{\alpha}{2}-\sin^2\frac{\alpha}{2} = 2\cos^2\frac{\alpha}{2}-1 = 1-2\sin^2\frac{\alpha}{2};$$

$$\tan\alpha = \frac{2\tan\dfrac{\alpha}{2}}{1-\tan^2\dfrac{\alpha}{2}}.$$

用 2α 的三角函数表示它们的二倍角 4α 的三角函数为

$$\sin 4\alpha = 2\sin 2\alpha\cos 2\alpha;$$

$$\cos 4\alpha = \cos^2 2\alpha-\sin^2 2\alpha = 2\cos^2 2\alpha-1 = 1-2\sin^2 2\alpha;$$

$$\tan 4\alpha = \frac{2\tan 2\alpha}{1-\tan^2 2\alpha}.$$

例 3　化简：$(\tan\alpha-\cot\alpha)(1+\tan 2\alpha\tan\alpha)$.

解　$原式 = (\tan\alpha-\cot\alpha)\left(1+\dfrac{2\tan^2\alpha}{1-\tan^2\alpha}\right) = \cot\alpha(\tan^2\alpha-1)\dfrac{1+\tan^2\alpha}{1-\tan^2\alpha}$

$$= -\cot\alpha\sec^2\alpha = -\frac{\cos\alpha}{\sin\alpha}\cdot\frac{1}{\cos^2\alpha}$$

$$= -\frac{2}{2\sin\alpha\cos\alpha} = -\frac{2}{\sin 2\alpha} = -2\csc 2\alpha.$$

例 4　证明：$\sin 8\alpha\cot 4\alpha - \dfrac{\cos^4\alpha-\sin^4\alpha}{1-2\sin^2\alpha} = \cos 8\alpha$.

证明　$左边 = 2\sin 4\alpha\cos 4\alpha\cdot\dfrac{\cos 4\alpha}{\sin 4\alpha} - \dfrac{(\cos^2\alpha+\sin^2\alpha)(\cos^2\alpha-\sin^2\alpha)}{\cos 2\alpha}$

$$= 2\cos^2 4\alpha - \frac{\cos 2\alpha}{\cos 2\alpha} = 2\cos^2 4\alpha - 1 = \cos 8\alpha = 右边.$$

所以原等式成立.

根据二倍角公式，还可以求三倍角的正弦、余弦和正切.

$$
\begin{aligned}
\sin3\alpha &= \sin(2\alpha+\alpha)=\sin2\alpha\cos\alpha+\cos2\alpha\sin\alpha \\
&= 2\sin\alpha\cos^2\alpha+(1-2\sin^2\alpha)\sin\alpha \\
&= 2\sin\alpha(1-\sin^2\alpha)+\sin\alpha-2\sin^3\alpha=3\sin\alpha-4\sin^3\alpha,
\end{aligned}
$$

即

$$
\sin3\alpha=3\sin\alpha-4\sin^3\alpha.
$$

类推可得

$$
\cos3\alpha=4\cos^3\alpha-3\cos\alpha.
$$

$$
\tan3\alpha=\frac{3\tan\alpha-\tan^2\alpha}{1-3\tan^2\alpha}.
$$

例 5 证明：$\cos\dfrac{2\pi}{7}\cos\dfrac{4\pi}{7}\cos\dfrac{6\pi}{7}=\dfrac{1}{8}$.

证明 左边 $=\dfrac{1}{8\sin\dfrac{2\pi}{7}}\cdot 8\sin\dfrac{2\pi}{7}\cos\dfrac{2\pi}{7}\cos\dfrac{4\pi}{7}\cos\dfrac{6\pi}{7}$

$$
=\frac{1}{8\sin\dfrac{2\pi}{7}}\cdot 4\sin\frac{4\pi}{7}\cos\frac{4\pi}{7}\cos\frac{6\pi}{7}
$$

$$
=\frac{1}{8\sin\dfrac{2\pi}{7}}\cdot 2\sin\frac{8\pi}{7}\cos\frac{6\pi}{7}
$$

$$
=\frac{1}{8\sin\dfrac{2\pi}{7}}\cdot 2\sin\left(\pi+\frac{\pi}{7}\right)\cos\left(\pi-\frac{\pi}{7}\right)
$$

$$
=\frac{1}{8\sin\dfrac{2\pi}{7}}\cdot 2\sin\frac{\pi}{7}\cos\frac{\pi}{7}=\frac{1}{8\sin\dfrac{2\pi}{7}}\cdot\sin\frac{2\pi}{7}=\frac{1}{8}=右边.
$$

所以原等式成立.

例 6 应用二倍角公式，求证**正弦、余弦、正切的半角公式**：

（1）$\sin^2\dfrac{\alpha}{2}=\dfrac{1-\cos\alpha}{2}$；

（2）$\cos^2\dfrac{\alpha}{2}=\dfrac{1+\cos\alpha}{2}$；

（3）$\tan^2\dfrac{\alpha}{2}=\dfrac{1-\cos\alpha}{1+\cos\alpha}$.

证明 （1）由余弦的二倍角公式（5-8）可推出

$$
\cos\alpha=1-2\sin^2\frac{\alpha}{2},
$$

从而

$$
\sin^2\frac{\alpha}{2}=\frac{1-\cos\alpha}{2}.
$$

（2）由余弦的二倍角公式（5-8）可推出

$$
\cos\alpha=2\cos^2\frac{\alpha}{2}-1,
$$

从而

$$\cos^2 \frac{\alpha}{2} = \frac{1 + \cos\alpha}{2}.$$

（3）由（1）、（2）知

$$\tan^2 \frac{\alpha}{2} = \frac{\sin^2 \frac{\alpha}{2}}{\cos^2 \frac{\alpha}{2}} = \frac{1 - \cos\alpha}{1 + \cos\alpha}.$$

注意

在运用倍角、半角公式时要分清角之间的相对关系，如 α 为 $\frac{\alpha}{2}$ 的倍角，2α 为 α 的倍角，4α 为 2α 的倍角；反之，$\frac{\alpha}{2}$ 是 α 的半角，α 是 2α 的半角，2α 是 4α 的半角.

习 题 5-2

1. 不用计算工具，计算下列各式的值：

   (1) $\sin15°\cos15°$；

   (2) $1 - 2\sin^2 75°$；

   (3) $\cos^2 \frac{19\pi}{8} - \frac{1}{2}$；

   (4) $\dfrac{\tan \frac{3\pi}{8}}{1 - \tan^2 \frac{3\pi}{8}}$.

2. 计算：

   (1) 已知 $\sin\alpha = \frac{3}{4}$ 且 $\frac{\pi}{2} < \alpha < \pi$，求 $\sin2\alpha$ 和 $\tan2\alpha$ 的值；

   (2) 已知 $\cot\theta = \frac{1}{3}$，求 $\cot2\theta$ 的值.

3. 化简：

   (1) $\dfrac{(\sin\alpha - \cos\alpha)^2}{1 - \sin2\alpha}$；

   (2) $\dfrac{\cos \frac{\alpha}{2}}{\sin \frac{\alpha}{4} + \cos \frac{\alpha}{4}}$；

   (3) $\sin2\alpha(1 - 2\sin^2\alpha)$；

   (4) $\dfrac{1}{1 - \tan\theta} - \dfrac{1}{1 + \tan\theta}$；

   (5) $\dfrac{\sin4\alpha\sec2\alpha}{\sin2\alpha\cot\alpha - 1}$；

   (6) $\dfrac{1 + \cos4\alpha}{2\cos2\alpha}$.

4. 证明下列各式恒等式：

   (1) $\cos^4 \frac{x}{2} - \sin^4 \frac{x}{2} = \cos x$；

   (2) $\dfrac{\sin\theta + \sin2\theta}{1 + \cos\theta + \cos2\theta} = \tan\theta$；

   (3) $\dfrac{2\cot\alpha}{\cot^2\alpha - 1} = \tan2\alpha$.

5. 已知等腰三角形的一个底角的正弦等于 $\frac{5}{13}$，求这个三角形顶角的正弦、余弦和正切.

第三节   正弦型曲线

我们把形如 $y=A\sin(\omega x+\varphi)$ 的函数（其中 A,ω,φ 是常数且 $A>0,\omega>0$）所对应的图像称为**正弦型曲线**. 为了掌握这类函数的变化规律, 下面以函数 $y=3\sin\left(\dfrac{x}{2}+\dfrac{\pi}{4}\right)$ 为例, 讨论用"五点法"作它的图像并考察 A,ω,φ 对图像的影响.

设 $\dfrac{x}{2}+\dfrac{\pi}{4}=t$, 则 $y=3\sin t$, 如果用正弦函数的图像和性质中介绍的"五点法"作 $y=3\sin t$ 的图像, 自然 t 取值 $0,\dfrac{\pi}{2},\pi,\dfrac{3\pi}{2},2\pi$. 因此, 只要取 $t=\dfrac{x}{2}+\dfrac{\pi}{4}$ 分别等于 $0,\dfrac{\pi}{2},\pi,\dfrac{3\pi}{2},2\pi$, 再从中求出对应的 x 值并计算出对应的 y 值, 就可用"五点法"作出它的图像. 其主要步骤如下:

（1）列表

$t=\dfrac{x}{2}+\dfrac{\pi}{4}$	0	$\dfrac{\pi}{2}$	π	$\dfrac{3\pi}{2}$	2π
x	$-\dfrac{\pi}{2}$	$\dfrac{\pi}{2}$	$\dfrac{3\pi}{2}$	$\dfrac{5\pi}{2}$	$\dfrac{7\pi}{2}$
$y=3\sin\left(\dfrac{x}{2}+\dfrac{\pi}{4}\right)$	0	3	0	-3	0

（2）将表中的每一对 x,y 作为点的坐标, 描点作图（图 5-2）.

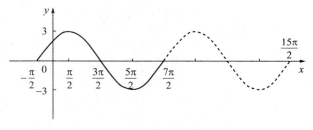

图   5-2

由图 5-2 可以看出, 它的最大值是 $A=3$, 最小值是 $-A=-3$, 它的起点横坐标是

$$-\frac{\pi}{2}=-\frac{\dfrac{\pi}{4}}{\dfrac{1}{2}}=-\frac{\varphi}{\omega}.$$

如果取 $\dfrac{x}{2}+\dfrac{\pi}{4}$ 分别等于 $2\pi,\dfrac{5\pi}{2},3\pi,\dfrac{7\pi}{2},4\pi$, 用同样的方法可以作出 $y=3\sin\left(\dfrac{x}{2}+\dfrac{\pi}{4}\right)$ 在 $\left[\dfrac{7\pi}{2},\dfrac{15\pi}{2}\right]$ 上的图像, 如图 5-2 虚线部分所示.

可以看出这两段曲线形状完全一样, 只是位置不同. 因此可知, 函数 $y=3\sin\left(\dfrac{x}{2}+\dfrac{\pi}{4}\right)$ 是周期为 $T=4\pi=\dfrac{2\pi}{\dfrac{1}{2}}=\dfrac{2\pi}{\omega}$ 的周期函数. 这样, 将函数在 $\left[-\dfrac{\pi}{2},\dfrac{7\pi}{2}\right]$ 上的图像向左和向右每次平

移 4π 个单位,就得到了函数 $y=3\sin\left(\dfrac{x}{2}+\dfrac{\pi}{4}\right)$ 在 $(-\infty,+\infty)$ 内的图像(图略).

一般地,函数 $y=A\sin(\omega x+\varphi)(A>0,\omega>0)$ 的定义域为 $(-\infty,+\infty)$,A 决定曲线的振荡幅度和函数的值域,称 A 为**振幅**,值域是 $[-A,A]$,ω 决定函数的周期,周期 $T=\dfrac{2\pi}{\omega}$,φ 决定图形的起始位置,在区间 $\left[-\dfrac{\varphi}{\omega},-\dfrac{\varphi}{\omega}+T\right]$ 上,起点坐标是 $\left(-\dfrac{\varphi}{\omega},0\right)$,而其终点坐标为 $\left(-\dfrac{\varphi}{\omega}+T,0\right)$.

例 1 作出函数 $y=4\sin\left(2x-\dfrac{\pi}{3}\right)$ 在一个周期内的图像.

解 此函数的周期为 $T=\dfrac{2\pi}{2}=\pi$,列表

$2x-\dfrac{\pi}{3}$	0	$\dfrac{\pi}{2}$	π	$\dfrac{3\pi}{2}$	2π
x	$\dfrac{\pi}{6}$	$\dfrac{5\pi}{12}$	$\dfrac{2\pi}{3}$	$\dfrac{11\pi}{12}$	$\dfrac{7\pi}{6}$
y	0	4	0	-4	0

描点作图(图 5-3).

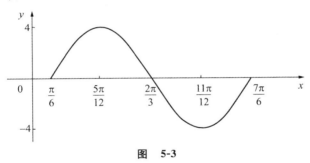

图 5-3

例 2 单摆从某点开始来回摆动,它离开平衡位置 O 的距离 S(单位:cm)和时间 t(单位:s)的函数关系为

$$S=3\sin\left(2\pi t+\dfrac{\pi}{6}\right).$$

(1)作出它的图像;

(2)回答下列问题:

① 单摆开始摆动($t=0$)时,离开平衡位置多少 cm?

② 单摆摆动到最右边时离开平衡位置多少 cm?

③ 单摆来回摆动一次需要多少时间?

解 (1)根据已知函数得出:$A=3,T=\dfrac{2\pi}{2\pi}=1$,起点为 $\left(-\dfrac{1}{12},0\right)$.

列表:

$2\pi t+\dfrac{\pi}{6}$	0	$\dfrac{\pi}{2}$	π	$\dfrac{3\pi}{2}$	2π
t	$-\dfrac{1}{12}$	$\dfrac{2}{12}$	$\dfrac{5}{12}$	$\dfrac{8}{12}$	$\dfrac{11}{12}$
S	0	3	0	-3	0

描点作图（图 5-4）：

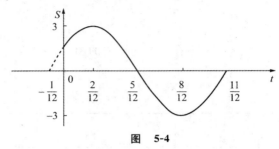

图　5-4

（2）① 当 $t=0$ 时，$S=3\sin\dfrac{\pi}{6}=1.5$，即单摆开始摆动时，离开平衡位置 $1.5\,\mathrm{cm}$.

② $S=3\sin\left(2\pi t+\dfrac{\pi}{6}\right)$ 的振幅为 3，单摆摆动到最右边时离开平衡位置 $3\,\mathrm{cm}$.

③ $S=3\sin\left(2\pi t+\dfrac{\pi}{6}\right)$ 的周期为 1，即单摆来回摆动一次需要 $1\,\mathrm{s}$.

例 3　已知正弦交流电 $i(\mathrm{A})$ 在一个周期上的图像如 5-5 所示，求 i 与 t 的函数关系式.

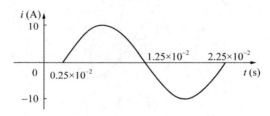

图　5-5

解　设所求函数关系式为 $i=A\sin(\omega t+\varphi)$. 由图 5-5 可知 $A=10$，
$$T=2.25\times 10^{-2}-0.25\times 10^{-2}=2\times 10^{-2},$$
所以
$$\omega=\frac{2\pi}{T}=\frac{2\pi}{2\times 10^{-2}}=100\pi.$$
又起点横坐标为 0.25×10^{-2}，即
$$-\frac{\varphi}{\omega}=-\frac{\varphi}{100\pi}=0.25\times 10^{-2},$$
所以
$$\varphi=-0.25\pi=-\frac{\pi}{4}.$$
因此所求函数关系式为

$$i = 10\sin\left(100\pi t - \frac{\pi}{4}\right).$$

例 4 求函数 $y = 4\sin x\cos x - 2\sqrt{3}\cos 2x$ 的周期和振幅,当 x 为何值时,y 有最大值和最小值? 最大值和最小值各是多少?

解 因为

$$y = 4\sin x\cos x - 2\sqrt{3}\cos 2x = 2\sin 2x - 2\sqrt{3}\cos 2x$$

$$= 4\left(\frac{1}{2}\sin 2x - \frac{\sqrt{3}}{2}\cos 2x\right) = 4\left(\sin 2x\cos\frac{\pi}{3} - \cos 2x\sin\frac{\pi}{3}\right)$$

$$= 4\sin\left(2x - \frac{\pi}{3}\right),$$

所以函数 $y = 4\sin x\cos x - 2\sqrt{3}\cos 2x$ 的振幅 $A = 4$,周期 $T = \frac{2\pi}{2} = \pi$.

当 $2x - \frac{\pi}{3} = \frac{\pi}{2}$,即 $x = \frac{5\pi}{12}$ 时,y 有最大值 4;当 $2x - \frac{\pi}{3} = \frac{3\pi}{2}$,即 $x = \frac{11\pi}{12}$ 时,y 有最小值 -4.

一般地,当 $x = k\pi + \frac{5\pi}{12}$ $(k \in \mathbf{Z})$ 时,y 有最大值 4;当 $x = k\pi + \frac{11\pi}{12}$ $(k \in \mathbf{Z})$ 时,y 有最小值 -4.

习 题 5-3

1. 求下列函数的振幅、周期和最大值、最小值,并作出它们在一个周期内的图像:

(1) $y = \sin\left(2x - \frac{\pi}{6}\right)$;　　　　(2) $y = 5\sin\left(\frac{x}{2} - \frac{\pi}{4}\right)$;　　　　(3) $y = \frac{1}{2}\sin\left(3x + \frac{\pi}{4}\right)$.

2. 求如图 5-6 所示的正弦型曲线的函数关系式:

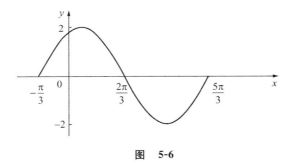

图 5-6

3. 求函数 $y = \sin x + \cos x$ 的周期和振幅,当 x 为何值时,y 有最大值和最小值? 最大值和最小值各是多少?

4. 弹簧挂着的小球作上、下自由振动,它在时间 t(单位:s)内离开平衡位置的距离 S(单位:s)由下式决定:

$$S = 4\sin\left(2t + \frac{\pi}{3}\right)$$

(1) 作出这个函数在一个周期内的图像.

(2) 回答下列问题:

① 小球开始振动($t = 0$)时,离开平衡位置的距离有多大?

② 小球上升到最高点和下降到最低点时离开平衡位置的距离有多大?

③ 经过多少时间,小球重复振动一次?

复习题五

1. 选择题：

(1) 设 α 和 β 为两个锐角，则下列结论中正确的是（   ）.

    A. $\sin(\alpha+\beta)>\cos(\alpha+\beta)$　　　　　　B. $\sin(\alpha+\beta)=\sin\alpha+\sin\beta$

    C. $\sin(\alpha+\beta)<\cos(\alpha+\beta)$　　　　　　D. 以上结论都不对

(2) 在 $\triangle ABC$ 中，若 $\cos A=\dfrac{3}{5}$，$\sin B=\dfrac{5}{13}$，则 $\sin(A+B)$ 等于（   ）.

    A. $\pm\dfrac{63}{65}$　　　　B. $\pm\dfrac{33}{65}$　　　　C. $\dfrac{63}{65}$ 或 $-\dfrac{33}{65}$　　　　D. $-\dfrac{63}{65}$ 或 $\dfrac{33}{65}$

(3) 若 $0<\alpha<\dfrac{\pi}{2}$，$0<\beta<\dfrac{\pi}{2}$，且 $\tan\alpha=\dfrac{1}{7}$，$\tan\beta=\dfrac{3}{4}$，则角 $\alpha+\beta$ 等于（   ）.

    A. $\dfrac{\pi}{6}$　　　　B. $\dfrac{\pi}{4}$　　　　C. $\dfrac{\pi}{3}$　　　　D. $\dfrac{\pi}{2}$

(4) 已知 $\sin\theta+\cos\theta=1$，则 $\tan\theta+\cot\theta$ 的值是（   ）.

    A. -1　　　　B. 1　　　　C. $\dfrac{1}{2}$　　　　D. 不存在

(5) 若 $\sin 2x\sin 3x=\cos 2x\cos 3x$，则 x 的一个值是（   ）.

    A. $45°$　　　　B. $36°$　　　　C. $30°$　　　　D. $18°$

(6) $\dfrac{1}{\sin 10°}-\dfrac{\sqrt{3}}{\cos 10°}$ 的值等于（   ）.

    A. 1　　　　B. 2　　　　C. 4　　　　D. $\dfrac{1}{4}$

(7) 如图 5-7 所示的正弦型曲线相应的函数表达式是（   ）.

    A. $y=2\sin\left(\dfrac{x}{2}-\dfrac{2\pi}{3}\right)$　　　　　　B. $y=2\sin\left(\dfrac{x}{2}+\dfrac{2\pi}{3}\right)$

    C. $y=2\sin\left(\dfrac{x}{2}+\dfrac{4\pi}{3}\right)$　　　　　　D. $y=2\sin\left(\dfrac{x}{2}-\dfrac{4\pi}{3}\right)$

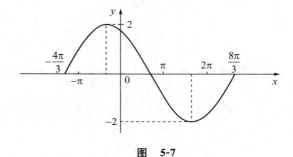

图　5-7

2. 化简下列各式：

    (1) $\sqrt{\dfrac{1+\cos\theta}{1-\cos\theta}}-\sqrt{\dfrac{1-\cos\theta}{1+\cos\theta}}$ $(270°<\theta<360°)$；

    (2) $\dfrac{1+\cos 2\alpha}{\cos\alpha+\sin\alpha\tan\dfrac{\alpha}{2}}+\dfrac{\sin 2\alpha\cot\alpha}{2\cos\alpha\left(\sin^4\dfrac{\alpha}{2}-\cos^4\dfrac{\alpha}{2}\right)}$.

3. 证明下列各恒等式：

(1) $\dfrac{1+\cos\alpha+\cos2\alpha+\cos3\alpha}{\cos\alpha+2\cos^2\alpha-1}=2\cos\alpha$；

(2) $4\cos\alpha\cos\left(\dfrac{\pi}{3}+\alpha\right)\cos\left(\dfrac{\pi}{3}-\alpha\right)=\cos3\alpha$；

(3) $\tan20°+\tan40°+\sqrt{3}\tan20°\tan40°=\sqrt{3}$；

(4) $\dfrac{\sin\dfrac{\alpha}{2}-\cos\dfrac{\alpha}{2}}{\sin\dfrac{\alpha}{2}+\cos\dfrac{\alpha}{2}}=\tan\alpha-\sec\alpha.$

4. 如图 5-8 所示，已知交流电的电流强度 $i(A)$ 在一个周期内的图像，求 i 与 t 的函数关系式.

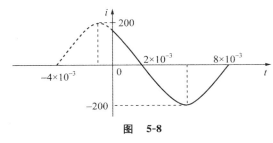

图　5-8

5. 求函数 $y=\cos4x+\sqrt{3}\sin4x$ 的振幅和周期，当 x 为何值时，y 有最大值和最小值？最大值和最小值各是多少？

【数学史典故 5】

数学家的故事——苏步青

苏步青，中国科学院院士，中国杰出的数学家，被誉为数学之王，与棋王谢侠逊、新闻王马星野并称"平阳三王"．主要从事微分几何学和计算几何学等方面的研究．他在仿射微分几何学、射影微分几何学、一般空间微分几何学、高维空间共轭理论、几何外型设计、计算机辅助几何设计等方面均取得了突出成就．曾任中国科学院学部委员，多届全国政协委员，全国人大代表，第五、第六届全国人大常委会委员，第七、第八届全国政协副主席和民盟中央副主席，复旦大学校长等职．获1978 年全国科学大会奖.

苏步青
(1902—2003)

苏步青 1902 年 9 月出生在浙江省平阳县的一个山村里．虽然家境清贫，可他父母省吃俭用，拼死拼活也要供他上学．他在读初中时，对数学并不感兴趣，觉得数学太简单，一学就懂．可是，后来的一堂数学课影响了他一生的道路.

那是苏步青上初三时，他就读的浙江省六十中来了一位刚从东京留学归来的教数学课的杨老师．第一堂课杨老师没有讲数学，而是讲故事．他说："当今世界，弱肉强食，世界列强依仗船坚炮利，都想蚕食瓜分中国．中华亡国灭种的危险迫在眉睫，振兴科学，发展实业，救亡图存，在此一举.'天下兴亡，匹夫有责'，在座的每一位同学都有责任."他旁征博引，讲述了数学在现代科学技术发展中的巨大作用.这堂课的最后一句话是："为了救亡图存，必须振兴科学.数学是科学的开路先锋，为了发展科学，必须学好数学."苏步青一生不知听过多少堂课，但这一堂课使他终生难忘.

杨老师的课深深地打动了他，当天晚上，苏步青辗转反侧，彻夜难眠.在杨老师的影响下，苏步青的兴趣从文学转向了数学，并从此立下了"读书不忘救国，救国不忘读书"的座右铭.一迷上数学，不管是酷暑隆冬，霜晨雪夜，苏步青只知道读书、思考、解题、演算，4年中演算了上万道数学习题.现在温州一中（即当时的省立十中）还珍藏着苏步青一本几何练习簿，用毛笔书写，工工整整.中学毕业时，苏步青门门功课都在90分以上.

17岁时，苏步青赴日留学，并以第一名的成绩考取东京高等工业学校，在那里他如饥似渴地学习着.为国争光的信念驱使苏步青较早地进入了数学的研究领域，在完成学业的同时，写了30多篇论文，在微分几何方面取得了令人瞩目的成果，并于1931年获得理学博士学位.获得博士学位之前，苏步青已在日本帝国大学数学系当讲师，正当日本一个大学准备聘他去任待遇优厚的副教授时，苏步青却决定回国，回到抚育他成长的祖国任教.回到浙江大学任教授的苏步青生活十分艰苦.面对困境，苏步青的回答是："吃苦算得了什么，我甘心情愿，因为我选择了一条正确的道路，这是一条爱国的光明之路啊！"

这就是老一辈数学家那颗爱国的赤子之心.

（摘自百度文库）

第六章 复 数

数的概念的形成和发展经历了漫长的历史阶段.人们最早认识了正整数.为了表示各种具有相反意义的量,人们引入了零和负数.为了解决将某些量进行等分的问题,人们又引入了有理数.为了解决有些量与量之间的比值不能用有理数表示的矛盾,人们又引入了无理数.有理数集与无理数集合并在一起,构成了实数集.

在 16 世纪,由于解 $x^2+1=0$ 这样一类方程的需要,人们开始引进一个新数 i,把数的范围从实数扩充到了复数.复数在数学、力学和电学中得到广泛应用,已成为科学技术中普遍使用的一种数学工具.本章主要介绍复数的概念,复数的代数、几何、三角表示方法以及相关运算法则.

第一节 复数的概念

一、复数的定义

1. 虚数单位

我们来考察方程 $x^2=-1$,因为任何实数的平方不会是负数,所以在实数范围内,这个方程没有解.

为了解这个方程,人们引入了一个新数 i,i 叫做**虚数单位**.它具有下面的性质:

(1) 它的平方等于 -1,即 $i^2=-1$;

(2) 实数可以与它进行四则运算,进行四则运算时,原有的运算律仍然成立.

在这种规定下,i 就是 -1 的一个平方根,因此方程 $x^2=-1$ 就至少有一个解 $x=i$. 又因为 $(-i)^2=i^2=-1$,所以 $x=-i$ 是方程 $x^2=-1$ 的另一个解.

虚数单位 i 的幂运算有下列性质:

$$i^0=1; \quad i^1=i; \quad i^2=-1; \quad i^3=i^2 \cdot i=-i;$$
$$i^4=i^2 \cdot i^2=1; \quad i^5=i^4 \cdot i=i; \quad i^6=i^4 \cdot i^2=-1; \quad i^7=i^4 \cdot i^3=-i;$$
$$i^8=i^4 \cdot i^4=1; \quad i^9=i^8 \cdot i=i; \quad \cdots.$$

一般地,如果 $n \in \mathbf{N}$,那么

$$i^{4n}=1, \quad i^{4n+1}=i, \quad i^{4n+2}=-1, \quad i^{4n+3}=-i.$$

规定: $i^{-m}=\dfrac{1}{i^m}$ $(m \in \mathbf{N})$.

例 1 计算:

(1) i^{2012}; (2) i^{-13}.

解 (1) $i^{2012}=i^{4 \times 503}=1$.

(2) $i^{-13}=i^{4 \times (-4)+3}=-i$.

2. 复数的定义

在引入了虚数单位 i 及其有关运算规定以后,我们把形如 $a+bi$ $(a,b\in\mathbf{R})$ 的数叫做**复数**. 其中 a 叫做复数的**实部**,b 叫做复数的**虚部**.

全体复数构成的集合 $\{z|z=a+bi,a\in\mathbf{R},b\in\mathbf{R}\}$,叫做**复数集**,复数集通常用字母 **C** 表示.

例如,$5+4i$ $(a=5,b=4)$,$1-\sqrt{7}i$ $(a=1,b=-\sqrt{7})$ 都是复数.

二、复数的有关概念

1. 复数集的结构

以后说复数 $a+bi$ 时,都有 $a,b\in\mathbf{R}$,当 $b=0$ 时,就是实数;当 $b\neq0$ 时,叫做**虚数**;当 $a=0,b\neq0$ 时,叫做**纯虚数**.

例如,$-7+3i$,$\sqrt{3}-5\sqrt{2}i$,$-0.6i$ 都是虚数,其中 $-0.6i$ 是纯虚数.

由于复数集 $\mathbf{C}=\{z|z=a+bi,a\in\mathbf{R},b\in\mathbf{R}\}$,所以实数集 **R** 是复数集 **C** 的真子集,即 $\mathbf{R}\subset\mathbf{C}$. 全体虚数所组成的集合,叫做**虚数集**,用字母 **I** 表示,即 $\mathbf{I}=\{z|z=bi,b\neq0 \text{ 且 } b\in\mathbf{R}\}$. 显然,虚数集 **I** 也是复数集 **C** 的真子集,即 $\mathbf{I}\subset\mathbf{C}$.

因此,复数集的结构数系表为

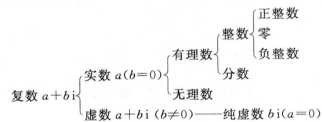

例 2　实数 m 取何值时,复数 $(m-4)+(m+3)i$ 是:(1) 实数;(2) 虚数;(3) 纯虚数?

解　根据复数的定义,可得
$$a=m-4,b=m+3.$$

(1) 当 $b=0$,即 $m+3=0,m=-3$ 时,复数 $(m-4)+(m+3)i$ 是实数.

(2) 当 $b\neq0$,即 $m+3\neq0,m\neq-3$ 时,复数 $(m-4)+(m+3)i$ 是虚数.

(3) 当 $a=0,b\neq0$,即 $m-4=0,m=4$ 时,复数 $(m-4)+(m+3)i$ 是纯虚数.

2. 复数相等的条件

我们知道,两个实数可以比较大小. 但是两个复数,只要其中有一个数不是实数,它们就不能比较大小.

如果两个复数 a_1+b_1i 和 a_2+b_2i 的实部与虚部分别相等,即 $a_1=a_2,b_1=b_2$,我们就说这**两个复数相等**,记作 $a_1+b_1i=a_2+b_2i$. 这就是说,如果 $a_1,a_2,b_1,b_2\in\mathbf{R}$,那么
$$a_1+b_1i=a_2+b_2i\Leftrightarrow a_1=a_2,b_1=b_2.$$

特别地
$$a+bi=0\Leftrightarrow a=0,b=0.$$

例 3　已知 $(x+2y)+(x-4y)i=3-2i$ $(x,y\in\mathbf{R})$,求 x 和 y.

解　根据复数相等的条件,得

$$\begin{cases} x+2y=3, \\ x-4y=-2. \end{cases}$$

解方程组,得

$$x=\frac{4}{3}, \quad y=\frac{5}{6}.$$

由复数相等的概念,我们知道,对于任何一个复数 $Z=a+bi$,都能用一个有序实数对 (a, b) 唯一确定.这就使我们能用平面直角坐标系内的点来表示复数 $Z=a+bi$.如图 6-1 所示,点 M 的横坐标是 a,纵坐标是 b,复数 $Z=a+bi$ 就可用点 $M(a,b)$ 来表示.这个建立了直角坐标系来表示复数的平面叫做**复平面**,横坐标轴叫做**实轴**,纵坐标轴除去原点的部分叫做**虚轴**(因为原点表示实数 0,所以原点不在虚轴上).表示实数的点都在实轴上,表示纯虚数的点都在虚轴上.

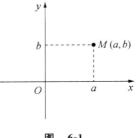

图 6-1

很明显,按照这种表示方法,每一个复数有复平面内唯一的一个点和它对应;反过来,复平面内的每一个点,都有唯一的一个复数和它对应.所以,复数集 **C** 和复平面内所有点所成的集合是一一对应的.这就是复数的几何意义.

例 4 用复平面内的点表示复数:$2+3i$,$-2i$,3,0.

解 如图 6-2 所示,复数 $2+3i$ 用点 $A(2,3)$ 表示;$-2i$ 用点 $B(0,-2)$ 表示;3 用点 $C(3, 0)$ 表示;0 用原点 $O(0,0)$ 表示.

例 5 复平面内的点 $M(3,2)$,$N(-3,4)$,$P(0,-1)$ 各表示什么复数?

解 如图 6-3 所示,点 $M(3,2)$ 表示复数 $3+2i$;点 $N(-3,4)$ 表示复数 $-3+4i$;点 $P(0, -1)$ 表示复数 $-i$.

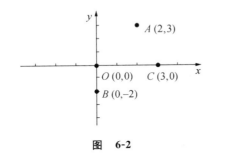

图 6-2

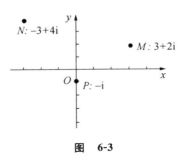

图 6-3

3. 共轭复数

当两个复数实部相等,虚部互为相反数时,这两个复数叫做互为**共轭复数**.复数 z 的共轭复数用 $\bar{z}$ 来表示.

如果复数 $z=a+bi$,那么 $\bar{z}=a-bi$,$\bar{\bar{z}}=a+bi=z$.

显然,复平面内表示两个互为共轭复数的点 Z 与 $\bar{Z}$ 关于实轴对称(图 6-4),而实数 a(即虚部为 0 的复数)的共轭复数仍是 a 本身.

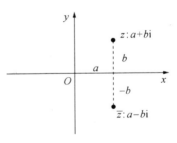

图 6-4

习 题 6-1

1. 判断下列命题的真假，并说明理由：

(1) 0i 是纯虚数；

(2) 原点是复平面内直角坐标系的实轴与虚轴的公共点；

(3) 实数的共轭复数一定是实数，虚数的共轭复数一定是虚数；

(4) 任何数的偶次幂为非负数；

(5) 如果 $z_1^2 + z_2^2 = 0$，那么 $z_1 = 0$ 且 $z_2 = 0$；

(6) $-i + 1$ 的共轭复数是 $-i - 1$.

2. 下列数中，哪些是实数，哪些是虚数，哪些是纯虚数？

(1) $3 - \sqrt{5}$；　　　(2) $\frac{3}{4}i$；　　　(3) $4 + 3i$；　　　(4) 0；

(5) i^2；　　　(6) i^3；　　　(7) $\sqrt{3}i - 5$；　　　(8) π.

3. 说出下列复数的实部与虚部：

(1) $-6 + 5i$；　　　(2) $\frac{\sqrt{3}}{2} - \frac{\sqrt{3}}{2}i$；　　　(3) $-\sqrt{2}i$；　　　(4) 0.

4. 在复平面内描出表示下列复数的点：

(1) $\frac{1}{2} + 4i$；　　　(2) $-2 + 3i$；　　　(3) $-5i$；　　　(4) 6；

(5) $-2i + 3$；　　　(6) $2i$.

5. 设复数 $z = a + bi$ 和复平面内的点 $M(a, b)$ 对应，a, b 必须满足什么条件，才能使点 M 位于：

(1) 实轴上？　　　　　　　　　(2) 虚轴上？

(3) 上半平面（不包括实轴）？　　(4) 右半平面（不包括原点和虚轴）？

6. 填空：

(1) $i^{4301} = $＿＿＿＿＿＿；$i^{-53} = $＿＿＿＿＿＿.

(2) 复数集是实数集与虚数集的＿＿＿＿＿＿.

(3) 实数集与虚数集的交集是＿＿＿＿＿＿.

(4) 当 x, y 都是实数时，如果 $(1+i)x + (1-i)y = 3i$，则 $x = $＿＿＿＿＿；$y = $＿＿＿＿＿.

7. 当 $m(m \in \mathbf{R})$ 取什么值时，下列复数是实数？纯虚数？虚数？

(1) $(6m^2 - m - 1) - (2m^2 + 5m - 3)i$；

(2) $(2m^2 + 3m - 2) + (3m^2 + 5m + 2)i$.

8. 写出下列复数的共轭复数，并在复平面内把每一对复数表示出来.

(1) $4 - 3i$；　　　(2) $-1 + i$；　　　(3) $-5 - 4i$；　　　(4) $4i + \frac{1}{2}$.

第二节　复数的四则运算

一、复数的向量表示

1. 向量

在物理学中，我们经常遇到力、速度、加速度等，对于这些量，除了要考虑它们的大小以外，还要考虑它们的方向. 我们把这种既有大小又有方向的量叫做**向量**.

向量可以用有向线段表示，线段的长度就是这个向量的大小，也叫**向量的模**，线段的方向(用箭头表示)就是这个**向量的方向**.

模相等且方向相同的向量,不管它们的起点在哪里,都认为是**相等的向量**. 在这一规定下,向量可以根据需要进行平移.

模为零的向量(它的方向是任意的)叫做**零向量**. 规定所有的零向量都相等.

2. 复数的向量表示

复数可以用向量表示. 如图 6-5 所示,设复平面内的点 Z 表示复数 $z=a+bi$,连接 OZ. 如果我们把有向线段 OZ(方向是从 O 点指向 Z 点)看成向量,记作 $\overrightarrow{OZ}$,就把复数同向量联系起来了.

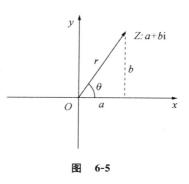

图 6-5

显然,向量 $\overrightarrow{OZ}$ 是由点 Z 唯一确定的;反过来,点 Z 也可由向量 $\overrightarrow{OZ}$ 唯一确定. 因此,复数集 **C** 与复平面内所有以原点 O 为起点的向量所成的集合也是一一对应的. 为方便起见,我们常把复数 $z=a+bi$ 说成点 Z 或说成向量 $\overrightarrow{OZ}$.

向量 $\overrightarrow{OZ}$ 的模(即有向线段 OZ 的长度)r 叫做**复数 $z=a+bi$ 的模**(或绝对值),记作 $|z|$ 或 $|a+bi|$. 容易看出,

$$|z|=|a+bi|=r=\sqrt{a^2+b^2}.$$

由 x 轴的正半轴到向量 $\overrightarrow{OZ}$ 的角 θ 叫做复数 z 的**幅角**. 非零复数的幅角有无穷多个,它们相差 2π 的整数倍. 例如,i 的幅角是 $2k\pi+\dfrac{\pi}{2}$ $(k\in \mathbf{Z})$,幅角的单位可以用弧度或度表示.

我们把幅角在 $[0,2\pi)$ 内的值叫做**幅角的主值**. 例如,当 $a=3$ 时,a 的幅角主值是 0,$-a$ 的幅角主值是 π,ai 的幅角主值是 $\dfrac{\pi}{2}$,$-ai$ 的幅角主值是 $\dfrac{3}{2}\pi$. 当 $z=0$ 时,向量 $\overrightarrow{OZ}$ 缩为一点,它的长度为零,方向是任意的,所以复数 $z=0$ 的幅角是任意的.

由图 6-5 可知,要确定复数 $z=a+bi$ $(a\neq 0)$ 的幅角 θ,可应用公式 $\tan\theta=\dfrac{b}{a}$ 求得,其中 θ 所在的象限就是与复数 z 相对应的点 $Z(a,b)$ 所在的象限.

例 1 求复数 $z_1=3+4i$ 及 $z_2=1-\sqrt{2}\,i$ 的模,并比较它们的模的大小.

解 因为
$$|z_1|=\sqrt{3^2+4^2}=5,$$
$$|z_2|=\sqrt{1^2+(-\sqrt{2})^2}=\sqrt{3},$$
所以
$$|z_1|>|z_2|.$$

例 2 用向量表示复数:$1-2i$;$2i$;-1,并分别求出它们的模和幅角主值.

解 (1)如图 6-6 所示,向量 $\overrightarrow{OA}$ 表示复数 $1-2i$,它的模为
$$|1-2i|=\sqrt{1^2+(-2)^2}=\sqrt{5}.$$
因为
$$a=1,\quad b=-2,$$

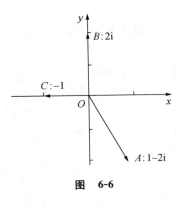

图 6-6

所以

$$\tan\theta=\frac{b}{a}=-2,$$

又点 $(1,-2)$ 在第Ⅳ象限内，所以幅角主值为

$$\theta=2\pi-\arctan2.$$

（2）如图 6-6 所示，向量 $\overrightarrow{OB}$ 表示复数 $2i$，它的模为 $|2i|=2$，幅角主值是 $\frac{\pi}{2}$.

（3）如图 6-6 所示，向量 $\overrightarrow{OC}$ 表示复数 -1，它的模为 $|-1|=1$，幅角主值是 π.

二、复数的加法和减法

复数的加、减法可以按照多项式的加法和减法的法则来进行．也就是实部与实部相加减，虚部与虚部相加减．即

若 $z_1=a+bi$，$z_2=c+di$，则

$$z_1+z_2=(a+bi)+(c+di)=(a+c)+(b+d)i.$$
$$z_1-z_2=(a+bi)-(c+di)=(a-c)+(b-d)i.$$

很明显，两个复数的和或差仍是一个复数．

容易验证，若 $z_1,z_2,z_3\in\mathbf{C}$，复数的加法满足：

（1）交换律 $z_1+z_2=z_2+z_1$；

（2）结合律 $(z_1+z_2)+z_3=z_1+(z_2+z_3)$.

例 3   计算：$(7+6i)+(-3+4i)-(-1+5i)$.

解 $(7+6i)+(-3+4i)-(-1+5i)=(7-3+1)+(6+4-5)i=5+5i.$

三、复数的乘法和除法

1. 复数的乘法

复数的乘法按照多项式相乘的法则来进行，设 $z_1=a+bi$，$z_2=c+di$，则它们的乘积是

$$z_1z_2=(a+bi)(c+di)=ac+bci+adi+bdi^2$$
$$=(ac-bd)+(bc+ad)i.$$

也就是说，复数的乘法与多项式的乘法是类似的，但必须在所得的结果中把 i^2 换成 -1，并且把实部与虚部分别合并．

显然，两个复数的乘积仍然是一个复数．

容易验证，若 $z_1,z_2,z_3\in\mathbf{C}$，则复数的乘法满足：

（1）交换律 $z_1\cdot z_2=z_2\cdot z_1$；

（2）结合律 $(z_1\cdot z_2)\cdot z_3=z_1\cdot(z_2\cdot z_3)$；

（3）分配律 $z_1\cdot(z_2+z_3)=z_1\cdot z_2+z_1\cdot z_3$.

根据复数的乘法法则，对于任何复数 $z=a+bi$，有

$$(a+bi)(a-bi)=a^2+b^2+(ab-ab)i=a^2+b^2.$$

因此，两个共轭复数 z 与 $\bar{z}$ 的乘积是一个实数，这个实数等于每一个复数的模的平方，即

$$z\cdot\bar{z}=|z|^2=|\bar{z}|^2.$$

例 4 计算：$(-1-\mathrm{i})(2+\mathrm{i})(-2+3\mathrm{i})$.

解 $(-1-\mathrm{i})(2+\mathrm{i})(-2+3\mathrm{i})=(-1-3\mathrm{i})(-2+3\mathrm{i})=11+3\mathrm{i}$.

计算复数的乘方，要用到虚数单位 i 的乘方，因为复数的乘法满足交换律和结合律，所以实数集 **R** 中正整数指数幂的运算律，在复数集 **C** 中仍然成立.

例 5 计算：$\left(\dfrac{1}{2}+\dfrac{\sqrt{3}}{2}\mathrm{i}\right)^3$.

解 $\left(\dfrac{1}{2}+\dfrac{\sqrt{3}}{2}\mathrm{i}\right)^3=\left(\dfrac{1}{2}\right)^3+3\left(\dfrac{1}{2}\right)^2\left(\dfrac{\sqrt{3}}{2}\mathrm{i}\right)+3\left(\dfrac{1}{2}\right)\left(\dfrac{\sqrt{3}}{2}\mathrm{i}\right)^2+\left(\dfrac{\sqrt{3}}{2}\mathrm{i}\right)^3$

$$=\frac{1}{8}+\frac{3\sqrt{3}}{8}\mathrm{i}-\frac{9}{8}-\frac{3\sqrt{3}}{8}\mathrm{i}=-1.$$

2. 复数的除法

两个复数 $a+b\mathrm{i}$ 和 $c+d\mathrm{i}$ 相除（其中 $c+d\mathrm{i}\neq0$），先写成分式的形式，然后把分子与分母都乘以分母的共轭复数，并且把结果化简，即

$$\frac{a+b\mathrm{i}}{c+d\mathrm{i}}=\frac{(a+b\mathrm{i})(c-d\mathrm{i})}{(c+d\mathrm{i})(c-d\mathrm{i})}=\frac{(ac+bd)+(bc-ad)\mathrm{i}}{c^2+d^2}$$

$$=\frac{ac+bd}{c^2+d^2}+\frac{bc-ad}{c^2+d^2}\mathrm{i}.$$

因为 $c+d\mathrm{i}\neq0$，所以

$$c^2+d^2\neq0.$$

由此可见，两个复数 $a+b\mathrm{i}$ 和 $c+d\mathrm{i}$ 的商 $\dfrac{a+b\mathrm{i}}{c+d\mathrm{i}}$ 是一个唯一确定的复数.

例 6 计算：

(1) $(-1+\mathrm{i})\div(4-3\mathrm{i})$; (2) $\left(\dfrac{1+\mathrm{i}}{1-\mathrm{i}}\right)^{2013}$.

解 (1) $(-1+\mathrm{i})\div(4-3\mathrm{i})=\dfrac{(-1+\mathrm{i})(4+3\mathrm{i})}{(4-3\mathrm{i})(4+3\mathrm{i})}=\dfrac{-7+\mathrm{i}}{4^2+3^2}=-\dfrac{7}{25}+\dfrac{1}{25}\mathrm{i}$.

(2) $\left(\dfrac{1+\mathrm{i}}{1-\mathrm{i}}\right)^{2013}=\left[\dfrac{(1+\mathrm{i})(1+\mathrm{i})}{(1-\mathrm{i})(1+\mathrm{i})}\right]^{2013}=\left(\dfrac{2\mathrm{i}}{2}\right)^{2013}=\mathrm{i}^{2013}=\mathrm{i}^{4\times503+1}=\mathrm{i}$.

四、实系数一元二次方程的解法

我们知道，对于实系数一元二次方程 $ax^2+bx+c=0\ (a\neq0)$，如果 $\Delta=b^2-4ac<0$，那么它在实数集 **R** 中没有根，现在我们在复数集 **C**$=0$ 中考察这种情况，经过变形，原方程可化为

$$x^2+\frac{b}{a}x=-\frac{c}{a},$$

配方，得

$$\left(x+\frac{b}{2a}\right)^2=\frac{b^2-4ac}{(2a)^2}=-\frac{-(b^2-4ac)}{(2a)^2},$$

由于 $\dfrac{-(b^2-4ac)}{(2a)^2}>0$，$\mathrm{i}^2=-1$，所以

$$x+\frac{b}{2a}=\frac{\pm\sqrt{-(b^2-4ac)}}{2a}\mathrm{i},$$

所以当 $\Delta=b^2-4ac<0$ 时，实系数一元二次方程 $ax^2+bx+c=0$ 在复数集 **C** 中有两个根

$$x = \frac{-b \pm \sqrt{-(b^2-4ac)}\,\mathrm{i}}{2a}.$$

显然，它们是一对共轭复数.

例 7 在复数集中解方程 $x^2+4x+5=0$.

解 因为

$$\Delta = b^2-4ac = 16-20 = -4 < 0,$$

所以

$$x = \frac{-4 \pm \sqrt{4\mathrm{i}^2}}{2} = \frac{-4 \pm 2\mathrm{i}}{2} = -2 \pm \mathrm{i}.$$

例 8 已知实系数一元二次方程 $x^2+bx+c=0$ 的一个根是 $3-\sqrt{2}\mathrm{i}$，求它的另一个根和 b,c.

解 因为实系数一元二次方程在复数集中的两个根是共轭复数，且

$$x_1 = 3-\sqrt{2}\mathrm{i},$$

所以另一个根是

$$x_2 = 3+\sqrt{2}\mathrm{i},$$

由根与系数的关系可得

$$b = -(x_1+x_2) = -6,$$

$$c = x_1 \cdot x_2 = (3-\sqrt{2}\,\mathrm{i})(3+\sqrt{2}\,\mathrm{i}) = 11.$$

例 9 在复数范围内分解下列各式成一次因式的乘积.

(1) x^2+9； (2) $x^2+6x+10$.

解 (1) $x^2+9 = x^2+3^2 = x^2-(3\mathrm{i})^2 = (x+3\mathrm{i})(x-3\mathrm{i})$.

(2) $x^2+6x+10 = (x+3)^2-(\mathrm{i})^2 = (x+3+\mathrm{i})(x+3-\mathrm{i})$.

习 题 6-2

1. 在复平面内，作出表示下列复数的向量：

(1) $2-5\mathrm{i}$； (2) $-3+3\mathrm{i}$；

(3) $3-3\mathrm{i}$； (4) -4；

(5) $-4\mathrm{i}$； (6) $-2\mathrm{i}-4$.

2. 已知复数 $-4-3\mathrm{i}, 2\mathrm{i}-3, 3\mathrm{i}$.

(1) 求这些复数的模； (2) 求这些复数的共轭复数；

(3) 用向量来表示这些复数.

3. 求下列复数的模和幅角主值：

(1) 2； (2) $-2\mathrm{i}$；

(3) $-1+\mathrm{i}$； (4) $\sqrt{2}+\sqrt{2}\,\mathrm{i}$；

(5) $-2-2\sqrt{3}\,\mathrm{i}$； (6) $1-\sqrt{3}\,\mathrm{i}$；

(7) $-\sqrt{3}-\mathrm{i}$.

4. 比较复数 $z_1=-5+12\mathrm{i}, z_2=-6-6\sqrt{3}\mathrm{i}$ 的模的大小.

5. 计算：

(1) $\left(\frac{2}{3}+\mathrm{i}\right)+\left(1-\frac{2}{3}\mathrm{i}\right)-\left(\frac{1}{2}+\frac{3}{4}\mathrm{i}\right)$；

(2) $[(a+b)+(a-b)\mathrm{i}]-[(a-b)-(a+b)\mathrm{i}]$；

(3) $(-8-7i)(-3i)$；

(4) $\left(\dfrac{\sqrt{3}}{2}i-\dfrac{1}{2}\right)\left(-\dfrac{1}{2}+\dfrac{\sqrt{3}}{2}i\right)$；

(5) $\dfrac{2i}{1-i}$；

(6) $(a+bi)(a-bi)(-a+bi)(-a-bi)$；

(7) $\dfrac{2+i}{7+4i}$；

(8) $i^7\cdot i^8\cdot i^9\cdot i^{10}$；

(9) $(1-i)+(2-i^3)+(3+i^5)+(4-i^7)$；

(10) $\dfrac{i-2}{1+i+\dfrac{i}{i-1}}$.

6. 设 $\omega=-\dfrac{1}{2}+\dfrac{\sqrt{3}}{2}i$，求证：

(1) $1+\omega+\omega^2=0$；　　　　　　　　(2) $\omega^3=1$.

7. 已知 $z_1=5+10i$，$z_2=3-4i$，$\dfrac{1}{z}=\dfrac{1}{z_1}+\dfrac{1}{z_2}$，求 z.

8. 设 $f(x)=\dfrac{x^2-x+1}{x^2+x+1}$，求：

(1) $f(2+3i)$；　　　　　　　　(2) $f(1-i)$.

9. 在复数集中解下列方程：

(1) $4x^2+9=0$；　　　　　　　　(2) $2(x^2+4)=5x$；

(3) $(x-3)(x-5)+2=0$.

第三节　复数的三角形式和指数形式

一、复数的三角形式

设复数 $z=a+bi$ 的模为 r，幅角为 θ. 由图 6-7 可以看出

$$\begin{cases} a=r\cos\theta, \\ b=r\sin\theta. \end{cases}$$

所以

$$a+bi=r\cos\theta+ir\sin\theta=r(\cos\theta+i\sin\theta).$$

其中 $r=\sqrt{a^2+b^2}$，$\tan\theta=\dfrac{b}{a}(a\neq0)$，$\theta$ 所在的象限，就是与复数

相对应的点 $Z(a,b)$ 所在的象限.

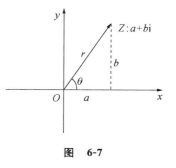

图　6-7

我们把 $r(\cos\theta+i\sin\theta)$ 叫做复数 $a+bi$ 的**三角形式**. 为了同三角形式相区别，$a+bi$ 叫做复数的**代数形式**.

复数三角形式的特点是：

(1) $r=\sqrt{a^2+b^2}\geqslant0$；

(2) 实部是 $r\cos\theta$，虚部是 $r\sin\theta$；

(3) $\cos\theta$ 与 $\sin\theta$ 中的角 θ 必须相同，是复数的幅角，幅角 θ 的单位可以用弧度表示，也可以用度表示，大小可以用主值，也可用角的一般形式表示，为简便起见，在复数的代数形式化

为三角形式时,一般取为幅角主值;

（4）实部与虚部之间必须用"＋"号连接.

例1　把下列复数表示为三角形式:

（1）$-\sqrt{3}-i$;　　　　　　（2）$1+i$;　　　　　　（3）$-3i$.

解　（1）因为 $a=-\sqrt{3}$, $b=-1$, 所以

$$r=\sqrt{a^2+b^2}=\sqrt{(-\sqrt{3})^2+(-1)^2}=2,$$

$$\tan\theta=\frac{b}{a}=\frac{\sqrt{3}}{3}.$$

又因为点 $(-\sqrt{3},-1)$ 在第Ⅲ象限,所以

$$\theta=\frac{7\pi}{6},$$

因此

$$\sqrt{3}+i=2\left(\cos\frac{7\pi}{6}+i\sin\frac{7\pi}{6}\right).$$

（2）因为 $a=1$, $b=1$, 所以

$$r=\sqrt{a^2+b^2}=\sqrt{1^2+(1)^2}=\sqrt{2},$$

$$\tan\theta=\frac{b}{a}=1.$$

又因为点 $(1,1)$ 在第Ⅰ象限,所以

$$\theta=\frac{\pi}{4},$$

因此

$$1+i=\sqrt{2}\left(\cos\frac{\pi}{4}+i\sin\frac{\pi}{4}\right).$$

（3）因为 $a=0$, $b=-3$. 所以

$$r=3.$$

又因为与 $-3i$ 对应的点在 y 轴的负半轴上,所以

$$\theta=\frac{3\pi}{2}.$$

因此

$$-3i=3\left(\cos\frac{3\pi}{2}+i\sin\frac{3\pi}{2}\right).$$

例2　将复数 $2\left(\cos\frac{\pi}{3}-i\sin\frac{\pi}{3}\right)$ 表示成三角形式,并指出它的模和幅角主值.

解　因为

$$2\left(\cos\frac{\pi}{3}-i\sin\frac{\pi}{3}\right)=2\left[\cos\left(2\pi-\frac{\pi}{3}\right)+i\sin\left(2\pi-\frac{\pi}{3}\right)\right]$$

$$=2\left(\cos\frac{7\pi}{3}+i\sin\frac{7\pi}{3}\right).$$

所以 $2\left(\cos\frac{\pi}{3}-i\sin\frac{\pi}{3}\right)$ 的三角形式是

$$2\left(\cos\frac{7\pi}{3}+\mathrm{isin}\frac{7\pi}{3}\right).$$

它的模为 2,幅角主值是 $\frac{7\pi}{3}$.

例 3　将复数 $\sqrt{2}(\cos315°+\mathrm{isin}315°)$ 表示成代数形式.

解　$\sqrt{2}(\cos315°+\mathrm{isin}315°)=\sqrt{2}\left[\cos(360°-45°)+\mathrm{isin}(360°-45°)\right]$

$$=\sqrt{2}(\cos45°-\mathrm{isin}45°)$$

$$=\sqrt{2}\left(\frac{\sqrt{2}}{2}-\frac{\sqrt{2}}{2}\mathrm{i}\right)=1-\mathrm{i}.$$

二、复数三角形式的乘法和除法

1. 乘法与乘方运算

如果把复数 z_1 和 z_2 分别写成三角形式

$$z_1=r_1(\cos\theta_1+\mathrm{isin}\theta_1),$$
$$z_2=r_2(\cos\theta_2+\mathrm{isin}\theta_2),$$

就有

$$z_1 \cdot z_2 =r_1(\cos\theta_1+\mathrm{isin}\theta_1) \cdot r_2(\cos\theta_2+\mathrm{isin}\theta_2)$$

$$=r_1r_2\left[(\cos\theta_1\cos\theta_2-\sin\theta_1\sin\theta_2)+\mathrm{i}(\sin\theta_1\cos\theta_2+\cos\theta_1\sin\theta_2)\right]$$

$$=r_1r_2\left[\cos(\theta_1+\theta_2)+\mathrm{isin}(\theta_1+\theta_2)\right].$$

由此可知,两个复数相乘,乘积仍是一个复数,积的模等于两复数模的积,积的幅角等于两复数幅角的和.简单地说,两复数相乘,就是模相乘,幅角相加.

以上结论可以推广到有限个复数相乘的情形,即

$$z_1 \cdot z_2 \cdot z_3 \cdot\cdots\cdot z_n =r_1(\cos\theta_1+\mathrm{isin}\theta_1) \cdot r_2(\cos\theta_2+\mathrm{isin}\theta_2) \cdot\cdots\cdot r_n(\cos\theta_n+\mathrm{isin}\theta_n)$$

$$=r_1r_2r_3\cdots r_n\left[\cos(\theta_1+\theta_2+\cdots+\theta_n)+\mathrm{isin}(\theta_1+\theta_2+\cdots+\theta_n)\right].$$

因此,如果

$$r_1=r_2=\cdots=r_n=r,$$
$$\theta_1=\theta_2=\cdots=\theta_n=\theta,$$

就有

$$\left[r(\cos\theta+\mathrm{isin}\theta)\right]^n=r^n(\cos n\theta+\mathrm{isin}n\theta)\ (n\in\mathbf{N}).$$

这就是说,复数的 n 次幂($n\in\mathbf{N}$)的模等于这个复数模的 n 次幂,幅角等于这个复数幅角的 n 倍.这个定理通常叫做**棣莫佛定理**.

特别地,当 $r=1$ 时,$z^n=(\cos\theta+\mathrm{isin}\theta)^n=(\cos n\theta+\mathrm{isin}n\theta)\ (n\in\mathbf{N})$.

例 4　计算:$\sqrt{3}\left(\cos\frac{\pi}{12}+\mathrm{isin}\frac{\pi}{12}\right) \cdot \sqrt{2}\left(\cos\frac{\pi}{4}+\mathrm{isin}\frac{\pi}{4}\right)$.

解　$\sqrt{3}\left(\cos\frac{\pi}{12}+\mathrm{isin}\frac{\pi}{12}\right) \cdot \sqrt{2}\left(\cos\frac{\pi}{4}+\mathrm{isin}\frac{\pi}{4}\right)$

$$=\sqrt{3} \cdot \sqrt{2}\left[\cos\left(\frac{\pi}{12}+\frac{\pi}{4}\right)+\mathrm{isin}\left(\frac{\pi}{12}+\frac{\pi}{4}\right)\right]$$

$$=\sqrt{6}\left(\cos\frac{\pi}{3}+\mathrm{isin}\frac{\pi}{3}\right)$$

$$=\sqrt{6}\left(\frac{1}{2}+\frac{\sqrt{3}}{2}i\right)=\frac{\sqrt{6}}{2}+\frac{3\sqrt{2}}{2}i.$$

例 5 计算：$\left(-\sqrt{3}+i\right)^{7}$.

解 因为

$$-\sqrt{3}+i=2\left(\cos\frac{5\pi}{6}+i\sin\frac{5\pi}{6}\right),$$

所以

$$\left(-\sqrt{3}+i\right)^{7}=\left[2\left(\cos\frac{5\pi}{6}+i\sin\frac{5\pi}{6}\right)\right]^{7}=2^{7}\left(\cos\frac{35\pi}{6}+i\sin\frac{35\pi}{6}\right)$$

$$=128\left[\cos\left(6\pi-\frac{\pi}{6}\right)+i\sin\left(6\pi-\frac{\pi}{6}\right)\right]=128\left(\cos\frac{\pi}{6}-i\sin\frac{\pi}{6}\right)$$

$$=128\left(\frac{\sqrt{3}}{2}-\frac{1}{2}i\right)=64\sqrt{3}-64i.$$

2. 除法运算

设 $z_1=r_1(\cos\theta_1+i\sin\theta_1)$，$z_2=r_2(\cos\theta_2+i\sin\theta_2)$，且 $z_2\neq0$. 则

$$\frac{z_1}{z_2}=\frac{r_1(\cos\theta_1+i\sin\theta_1)}{r_2(\cos\theta_2+i\sin\theta_2)}$$

$$=\frac{r_1(\cos\theta_1+i\sin\theta_1)(\cos\theta_2-i\sin\theta_2)}{r_2(\cos\theta_2+i\sin\theta_2)(\cos\theta_2-i\sin\theta_2)}$$

$$=\frac{r_1\left[(\cos\theta_1\cos\theta_2+\sin\theta_1\sin\theta_2)+i(\sin\theta_1\cos\theta_2-\cos\theta_1\sin\theta_2)\right]}{r_2(\cos^2\theta_2+\sin^2\theta_2)}$$

$$=\frac{r_1}{r_2}\left[\cos(\theta_1-\theta_2)+i\sin(\theta_1-\theta_2)\right].$$

这就是说，两个复数相除，商仍是一个复数，商的模等于被除数的模除以除数的模所得的商，商的幅角等于被除数的幅角减去除数的幅角所得的差.

例 6 计算：$4\left(\cos\frac{4\pi}{3}+i\sin\frac{4\pi}{3}\right)\div\left[5\left(\cos\frac{5\pi}{6}+i\sin\frac{5\pi}{6}\right)\right]$.

解 $4\left(\cos\frac{4\pi}{3}+i\sin\frac{4\pi}{3}\right)\div\left[5\left(\cos\frac{5\pi}{6}+i\sin\frac{5\pi}{6}\right)\right]$

$$=\frac{4\left(\cos\frac{4\pi}{3}+i\sin\frac{4\pi}{3}\right)}{5\left(\cos\frac{5\pi}{6}+i\sin\frac{5\pi}{6}\right)}=\frac{4}{5}\left[\cos\left(\frac{4\pi}{3}-\frac{5\pi}{6}\right)+i\sin\left(\frac{4\pi}{3}-\frac{5\pi}{6}\right)\right]$$

$$=\frac{4}{5}\left(\cos\frac{\pi}{2}+i\sin\frac{\pi}{2}\right)=\frac{4}{5}(0+i)=\frac{4}{5}i.$$

例 7 计算：$(-1+i)\div\left[\frac{\sqrt{2}}{2}\left(\cos\frac{3\pi}{4}-i\sin\frac{3\pi}{4}\right)\right]$.

解 因为

$$-1+i=\sqrt{2}\left(\cos\frac{3\pi}{4}+i\sin\frac{3\pi}{4}\right),$$

$$\frac{\sqrt{2}}{2}\left(\cos\frac{3\pi}{4}-i\sin\frac{3\pi}{4}\right)=\frac{\sqrt{2}}{2}\left(\cos\left(-\frac{3\pi}{4}\right)+i\sin\left(-\frac{3\pi}{4}\right)\right)$$

所以

$$(-1+i) \div \left[\frac{\sqrt{2}}{2} \left(\cos\frac{3\pi}{4} - i\sin\frac{3\pi}{4} \right) \right]$$

$$= \sqrt{2} \left(\cos\frac{3\pi}{4} + i\sin\frac{3\pi}{4} \right) \div \left[\frac{\sqrt{2}}{2} \left(\cos\left(-\frac{3\pi}{4}\right) + i\sin\left(-\frac{3\pi}{4}\right) \right) \right]$$

$$= 2 \cdot \left[\cos\left(\frac{3\pi}{4} + \frac{3\pi}{4}\right) + i\sin\left(\frac{3\pi}{4} + \frac{3\pi}{4}\right) \right]$$

$$= 2 \left[\cos\frac{3\pi}{2} + i\sin\frac{3\pi}{2} \right] = -2i.$$

可以证明,棣莫佛定理对于负整数指数幂也成立.

因为

$$\left[r(\cos\theta + i\sin\theta) \right]^{-1} = \frac{1}{r(\cos\theta + i\sin\theta)} = \frac{\cos0 + i\sin0}{r(\cos\theta + i\sin\theta)}$$

$$= r^{-1} \left[\cos(-\theta) + i\sin(-\theta) \right],$$

所以

$$\left[r(\cos\theta + i\sin\theta) \right]^{-n} = \{ \left[r(\cos\theta + i\sin\theta) \right]^{-1} \}^n$$

$$= \{ r^{-1} \left[\cos(-\theta) + i\sin(-\theta) \right] \}^n$$

$$= r^{-n} \left[\cos(-n\theta) + i\sin(-n\theta) \right].$$

由此可知,对于所有整数指数幂,棣莫佛定理恒成立.即

$$\left[r(\cos\theta + i\sin\theta) \right]^n = r^n \left[\cos n\theta + i\sin n\theta \right] \quad (n \in \mathbf{Z}).$$

例 8 已知复数 z 的模为 1,且实部不为零,求证:$\frac{z}{1+z^2}$ 是一个实数.

证明 因为 $|z| = 1$,所以

$$z \cdot \bar{z} = |z|^2 = 1,$$

于是

$$\bar{z} = \frac{1}{z},$$

设复数 z 的实部为 $a(a \neq 0)$,所以

$$\frac{z}{1+z^2} = \frac{\frac{z}{z}}{\frac{1}{z} + \frac{z^2}{z}} = \frac{1}{\bar{z} + z} = \frac{1}{2a}.$$

即 $\frac{z}{1+z^2}$ 是一个实数.

三、复数的指数形式

根据欧拉公式:

$$e^{i\theta} = \cos\theta + i\sin\theta$$

得

$$z = r(\cos\theta + i\sin\theta) = re^{i\theta}.$$

$z = re^{i\theta}$ 叫做复数的**指数形式**,其中幅角 θ 的单位只能取弧度.

下面举例说明复数的代数形式、三角形式和指数形式的互化.

例 9 把下列复数化成指数形式:

(1) $\sqrt{3}\,i$；   (2) $3+3\sqrt{3}\,i$.

解 (1) $\sqrt{3}\,i=\sqrt{3}\left(\cos\dfrac{\pi}{2}+i\sin\dfrac{\pi}{2}\right)=\sqrt{3}\,e^{i\frac{\pi}{2}}$.

(2) $3-3\sqrt{3}\,i=6\left(\cos\dfrac{\pi}{3}-i\sin\dfrac{\pi}{3}\right)=6\left(\cos\dfrac{5\pi}{3}+i\sin\dfrac{5\pi}{3}\right)=6e^{i\frac{5\pi}{3}}$.

例 10 把下列复数化成代数形式：

(1) $2e^{-i\frac{\pi}{4}}$；   (2) $\sqrt{5}\,e^{i\frac{2\pi}{3}}$.

解 (1) $2\,e^{-i\frac{\pi}{4}}=2\left[\cos\left(-\dfrac{\pi}{4}\right)+i\sin\left(-\dfrac{\pi}{4}\right)\right]$

$$=2\left(\dfrac{\sqrt{2}}{2}-\dfrac{\sqrt{2}}{2}i\right)=\sqrt{2}-\sqrt{2}i.$$

(2) $\sqrt{5}\,e^{i\frac{2\pi}{3}}=\sqrt{5}\left(\cos\dfrac{2\pi}{3}+i\sin\dfrac{2\pi}{3}\right)$

$$=\sqrt{5}\left(-\dfrac{1}{2}+\dfrac{\sqrt{3}}{2}i\right)=-\dfrac{\sqrt{5}}{2}+\dfrac{\sqrt{15}}{2}i.$$

根据复数三角形式的乘法、除法运算法则，还可以推得复数的指数形式的乘法、除法运算法则. 即

法则 1 $r_1e^{i\theta_1}\cdot r_2e^{i\theta_2}=r_1r_2e^{i(\theta_1+\theta_2)}$；

法则 2 $\dfrac{r_1e^{i\theta_1}}{r_2e^{i\theta_2}}=\dfrac{r_1}{r_2}e^{i(\theta_1-\theta_2)}$.

例 11 计算下列各式：

(1) $\dfrac{1}{2}e^{-i\pi}\cdot 10e^{i\frac{4\pi}{3}}$；   (2) $42e^{i\frac{2\pi}{3}}\div(7e^{-i\frac{7\pi}{6}})$.

解 (1) $\dfrac{1}{2}e^{-i\pi}\cdot 10e^{i\frac{4\pi}{3}}=\dfrac{1}{2}\times10e^{i(-\pi+\frac{4\pi}{3})}=5e^{i\frac{\pi}{3}}$.

(2) $42e^{i\frac{2\pi}{3}}\div(7e^{-i\frac{7\pi}{6}})=\dfrac{42}{7}e^{i(\frac{2\pi}{3}+\frac{7\pi}{6})}=6e^{i\frac{11\pi}{6}}$.

习 题 6-3

1. 把下列复数表示成三角形式，并且作出与它们相对应的向量.

(1) 4；   (2) -5；

(3) $3i$；   (4) $-i$；

(5) $-2+2i$；   (6) $-1-\sqrt{3}\,i$.

2. 下列复数是不是复数的三角形式？如果不是，把它们表示成三角形式，并指出这些复数的模和幅角主值.

(1) $\dfrac{1}{2}\left(\cos\dfrac{\pi}{4}-i\sin\dfrac{\pi}{4}\right)$；   (2) $-\dfrac{1}{2}\left(\cos\dfrac{\pi}{3}+i\sin\dfrac{\pi}{3}\right)$；

(3) $\dfrac{1}{3}\left(\sin\dfrac{3\pi}{4}+i\cos\dfrac{3\pi}{4}\right)$；   (4) $\cos\dfrac{7\pi}{5}+i\sin\dfrac{7\pi}{5}$.

3. 把下列复数表示成代数形式：

(1) $5\left(\cos\dfrac{\pi}{3}+i\sin\dfrac{\pi}{3}\right)$；   (2) $\sqrt{3}\left(\cos\dfrac{11\pi}{4}+i\sin\dfrac{11\pi}{4}\right)$；

(3) $6\left(\cos\dfrac{11\pi}{6}+i\sin\dfrac{11\pi}{6}\right)$；   (4) $3\left(\cos\dfrac{3\pi}{2}+i\sin\dfrac{3\pi}{2}\right)$.

4. 计算：

(1) $8\left(\cos\dfrac{\pi}{6}+\mathrm{i}\sin\dfrac{\pi}{6}\right)\cdot 3\left(\cos\dfrac{\pi}{3}+\mathrm{i}\sin\dfrac{\pi}{3}\right)$;

(2) $3(\cos12°+\mathrm{i}\sin12°)\cdot 2(\cos78°+\mathrm{i}\sin78°)\cdot 5(\cos45°+\mathrm{i}\sin45°)$;

(3) $\left(\cos\dfrac{5\pi}{4}+\mathrm{i}\sin\dfrac{5\pi}{4}\right)(1-\mathrm{i})$;

(4) $3\left(\cos\dfrac{4\pi}{3}+\mathrm{i}\sin\dfrac{4\pi}{3}\right)\cdot 2\left(\cos\dfrac{5\pi}{6}+\mathrm{i}\sin\dfrac{5\pi}{6}\right)$;

(5) $\left(\cos\dfrac{\pi}{6}+\mathrm{i}\sin\dfrac{\pi}{6}\right)\div\left[\sqrt{3}\left(\cos\dfrac{4\pi}{3}+\mathrm{i}\sin\dfrac{4\pi}{3}\right)\right]$;

(6) $-\mathrm{i}\div\left[2\left(\cos\dfrac{2\pi}{3}+\mathrm{i}\sin\dfrac{2\pi}{3}\right)\right]$.

5. 计算：

(1) $[3(\cos18°+\mathrm{i}\sin18°)]^5$;

(2) $\left[\sqrt{2}\left(\cos\dfrac{\pi}{4}+\mathrm{i}\sin\dfrac{\pi}{4}\right)\right]^6$;

(3) $\left[2\left(\cos\dfrac{\pi}{3}+\mathrm{i}\sin\dfrac{\pi}{3}\right)\right]^{-3}$;

(4) $\left(\dfrac{2+2\mathrm{i}}{1-\sqrt{3}\,\mathrm{i}}\right)^8$;

(5) $\dfrac{(1-\mathrm{i})^5}{1+\mathrm{i}}+\dfrac{(1+\mathrm{i})^5}{1-\mathrm{i}}$.

6. 把下列复数化为指数形式：

(1) $-1+\mathrm{i}$;

(2) $1-\sqrt{3}\,\mathrm{i}$;

(3) $\sqrt{2}\left(\cos\dfrac{\pi}{6}+\mathrm{i}\sin\dfrac{\pi}{6}\right)$.

7. 把下列复数化为代数形式

(1) $2\sqrt{3}\,\mathrm{e}^{\mathrm{i}\frac{\pi}{4}}$;

(2) $2\mathrm{e}^{-\mathrm{i}\frac{2\pi}{3}}$.

8. 计算：

(1) $2\mathrm{e}^{\mathrm{i}\frac{\pi}{3}}\cdot\sqrt{3}\,\mathrm{e}^{-\mathrm{i}\frac{7\pi}{6}}$;

(2) $(\sqrt{3}\,\mathrm{e}^{-\mathrm{i}\frac{2\pi}{3}})^6$.

9. 直角三角形 ABC 中，$\angle C=\dfrac{\pi}{2}$，$BC=\dfrac{1}{3}AC$，点 E 在 AC 上，且 $EC=2AE$. 利用复数证明：$\angle CBE+\angle CBA=\dfrac{3\pi}{4}$.

复 习 题 六

1. 判断题：

(1) 实数不是复数；

(2) 复数必是虚数；

(3) 两个互为共轭复数的虚数的模相等，幅角主值的和是 2π；

(4) 在复数集中，如果 $x+y\mathrm{i}=4-\mathrm{i}$，那么 $x=4$，$y=-1$；

(5) 如果 $z_1,z_2\in\mathbf{C}$，则 $|z_1|+|z_2|=0$ 等价于 $z_1=0,z_2=0$；

(6) 复数集 $\mathbf{C}$ 与复平面内所有向量的集合一一对应.

2. 选择题：

(1) 复数 $a+b\mathrm{i}(a,b\in\mathbf{R})$ 的平方是一个实数的条件等价于（　　）.

A. $a=0,b\neq0$ 　　　　　　B. $a\neq0,b=0$

C. $a=b=0$ 　　　　　　D. $ab=0$

(2) 复数 $a+b\mathrm{i}(a,b\in\mathbf{R})$ 的平方是纯虚数的条件等价于（　　）.

     A. $a^2+b^2=0$ B. $|a|=|b|\neq 0$

     C. $a^2=b^2$ D. $a=b\neq 0$

(3) 实数 $m\neq -1$ 时，复数 $(m^2-5m-6)+(m^2-3m+2)i$ 是（   ）.

     A. 实数   B. 虚数   C. 纯虚数   D. 不能确定

(4) 复数 $\sin 50°-i\cos 50°$ 的模是（   ）.

     A. $\dfrac{1}{4}$ B. $\dfrac{\sqrt{2}}{2}$ C. $\dfrac{\sqrt{3}}{2}$ D. 1

(5) 复数 $\sin 50°-i\cos 50°$ 的幅角主值是（   ）.

     A. $50°$ B. $40°$ C. $130°$ D. $320°$

(6) $(1-i)^{10}-(1+i)^{10}$ 等于（   ）.

     A. $-64i$ B. $-32i$ C. -32 D. -64

(7) 当 n 是偶数时，$\left(\dfrac{1-i}{1+i}\right)^{2n}+\left(\dfrac{1+i}{1-i}\right)^{2n}=$（   ）.

     A. 2   B. -2 C. 0   D. 2 或 -2

(8) 如果用 **I** 表示纯虚数集，那么下列结论正确的是（   ）.

     A. $\mathbf{C}=\mathbf{R}\cup\mathbf{I}$ B. $\mathbf{R}\cap\mathbf{I}=\{0\}$ C. $\mathbf{R}=\mathbf{C}\cap\mathbf{I}$ D. $\mathbf{R}\cap\mathbf{I}=\varnothing$

(9) 如果 $a^2-a-6+\dfrac{a^2+2a-15}{a^2-4}i$ 为纯虚数，则实数 a 的值为（   ）.

     A. $3,-2$ B. 3   C. -2 D. 不存在

3. 已知一元二次实系数方程 $x^2+px+q=0$ 有一根为 $4+\sqrt{7}i$，求 p,q 及另一根.

4. 已知复数 $z=a+bi\ (a,b\in\mathbf{R})$，求下列各数的实部与虚部：

     (1) z^2;   (2) $\dfrac{1}{z}$.

5. 计算：

     (1) $\dfrac{\left[2\left(\cos\dfrac{5\pi}{3}+i\sin\dfrac{5\pi}{3}\right)\right]^4}{\left(\cos\dfrac{\pi}{3}-i\sin\dfrac{\pi}{3}\right)^{-3}}$;   (2) $\dfrac{\left(\cos\dfrac{\pi}{3}-i\sin\dfrac{\pi}{3}\right)\left(\cos\dfrac{\pi}{4}+i\sin\dfrac{\pi}{4}\right)}{(\sqrt{2}+\sqrt{2}i)}$.

6. 化简：

     (1) $\dfrac{\left[2\left(\cos\dfrac{5\pi}{3}+i\sin\dfrac{5\pi}{3}\right)\right]^3\cdot(\cos\theta+i\sin\theta)}{\left[\sqrt{2}\left(\cos\dfrac{3\pi}{4}+i\sin\dfrac{3\pi}{4}\right)\right]^4(\cos\theta-i\sin\theta)}$;

     (2) $\dfrac{(\cos 3\alpha-i\sin 3\alpha)^7(\cos\alpha+i\sin\alpha)^6}{(\sin 5\alpha+i\cos 5\alpha)^3}$.

7. 已知 z 是虚数，解下列方程：

     (1) $z+|\bar{z}|=2+i$;   (2) $z^2=\bar{z}$.

8. 在复数集内将下列各式分解成一次因式的乘积：

     (1) x^2+6;   (2) $2x^2-6x+5$;

     (3) $x^2-2x\cos\alpha+1$.

9. 解下列方程：

     (1) $x^2+2ix-1=0$;   (2) $(x+1)(x+3)+2=0$.

10. 利用复数三角形式的乘方法则,推导二倍角 $\sin2\alpha$,$\cos2\alpha$ 以及三倍角 $\sin3\alpha$,$\cos3\alpha$ 的公式.

【数学史典故 6】

复数的萌芽、形成与发展

我们知道,在实数范围内,解方程 $x^2+1=0$ 是无能为力的,只有把实数集扩充到复数集才能解决.对于复数 $a+bi$(a,b 都是实数)来说,当 $b=0$ 时,就是实数;当 $b\neq0$ 时叫虚数,当 $a=0$,$b\neq0$ 时,叫做纯虚数.可是,历史上引进虚数,把实数集扩充到复数集可不是件容易的事,那么,历史上是如何引进虚数的呢?

16 世纪意大利米兰学者卡当(1501—1576)在 1545 年发表的《重要的艺术》一书中,公布了三次方程的一般解法,被后人称为"卡当公式".他是第一个把负数的平方根写到公式中的数学家,并且在讨论是否可能把 10 分成两部分,使它们的乘积等于 40 时,他把答案写成 $5+\sqrt{-15}$和$5-\sqrt{-15}$,尽管他认为这两个表示式是没有意义的、想象的、虚无飘渺的,但他还是把 10 分成了两部分,并使它们的乘积等于 40.给出"虚数"这一名称的是法国数学家笛卡儿(1596—1650),他在《几何学》(1637 年发表)中使"虚的数"与"实的数"相对应,从此,虚数才流传开来.

数系中发现一颗新星——虚数,于是引起了数学界的一片困惑,很多大数学家都不承认虚数.德国数学家莱布尼茨(1664—1716)在 1702 年说:"虚数是神灵遁迹的精微而奇异的隐避所,它大概是存在和虚妄两界中的两栖物."瑞士数学大师欧拉(1707—1783)说:"一切形如 $\sqrt{-1}$,$\sqrt{-2}$ 的数学式子都是不可能有的、想象的数,因为它们所表示的是负数的平方根.对于这类数,我们只能断言,它们既不是什么都不是,也不比什么都不是多些什么,更不比什么都不是少些什么,它们纯属虚幻."然而,真理性的东西一定可以经得住时间和空间的考验,最终占有自己的一席之地.法国数学家达兰贝尔(1717—1783)在 1747 年指出,如果按照多项式的四则运算规则对虚数进行运算,那么它的结果总是形如 $a+bi$(a,b 都是实数).法国数学家棣莫佛(1667—1754)在 1730 年发现公式

$$[r(\cos\theta+i\sin\theta)]^n=r^n(\cos n\theta+i\sin n\theta)\ (n\in\mathbf{N}),$$

这就是著名的棣莫佛定理.欧拉在 1748 年发现了有名的关系式 $e^{i\theta}=\cos\theta+i\sin\theta$,并在《微分公式》(1777)一文中第一次用 i 来表示 -1 的平方根,首创了用符号 i 作为虚数的单位."虚数"实际上不是想象出来的,而是确实存在的.挪威的测量学家威塞尔(1745—1818)在 1779 年试图给予这种虚数以直观的几何解释,并首先发表其作法,然而没有得到学术界的重视.

德国数学家高斯(1777—1855)在 1806 年公布了虚数的图像表示法,即所有实数能用一条数轴表示,同样,虚数也能用一个平面上的点来表示.在直角坐标系中,横轴上取对应实数 a 的点 A,纵轴上取对应实数 b 的点 B,并过这两点引平行于坐标轴的直线,它们的交点 C 就表示复数 $a+bi$.像这样,由各点都对应复数的平面叫做"复平面",后来又称"高斯平面".高斯在 1831 年,用实数组 (a,b) 代表复数 $a+bi$,并建立了复数的某些运算,使得复数的某些运算也像实数一样地"代数化".他又在 1832 年第一次提出了"复数"这个名词,还将表示平面上同一点的两种不同方法——直角坐标法和极坐标法加以综合,统一于表示同一复数的代数式和三角式两种形式中,并把数轴上的点与实数一一对应,扩展为平面上的点与复数一一

对应.高斯不仅把复数看做平面上的点,而且还看做是一种向量,并利用复数与向量之间一一对应的关系,阐述了复数的几何加法与乘法.至此,复数理论才比较完整和系统地建立起来了.

经过许多数学家长期不懈的努力,深刻探讨并发展了复数理论,才揭掉了在数学领域游荡了 200 年的幽灵——虚数的神秘面纱,显现出它的本来面目,原来虚数不虚.虚数成了数系大家庭中的一员,从而实数集才扩充到了复数集.

随着科学和技术的进步,复数理论已越来越显出它的重要性,它不但对于数学本身的发展有着极其重要的意义,而且为证明机翼上升力的基本定理起到了重要作用,并在解决堤坝渗水的问题中显示了它的威力,也为建立巨大水电站提供了重要的理论依据.

（摘自人教网,作者:张洪杰）

部分习题参考答案

第 一 章

习 题 1-1

2. (1) $\{6,8,10,12,14,16,18\}$;

    (3) $\{x \mid x=3n, n \in \mathbf{Z}^+\}$;

    (5) $\{x \mid x-3 \geqslant 0\}$;

    (2) $\{(x,y) \mid y=ax^2+bx+c(a \neq 0)\}$;

    (4) $\{x \mid 5 < x < 7\}$;

    (6) $\{$某工厂在某天内生产的电视机$\}$.

3. (1) $\in$;   (2) $\notin$;   (3) $\subset$;   (4) $=$;

    (5) $\in$;   (6) $\supset$;   (7) $\subset$;   (8) $\in$;

    (9) $\notin$;   (10) $\in$.

6. (1) $A \subset B$;   (2) $A \supset B$;   (3) $A \subset B$;   (4) $A=B$.

7. $C \subset A \subset B$.

习 题 1-2

1. $\{1,3,5\}$.

2. $\{(1,2)\}$.

3. $A \cap B = \varnothing$, $\complement_U A = \left\{x \mid x \geqslant \dfrac{5}{2}\right\}$, $\complement_U B = \{x \mid x < 3\}$, $\complement_U A \cap \complement_U B = \left\{x \mid \dfrac{5}{2} \leqslant x < 3\right\}$, $\complement_U A \cup$

    $\complement_U B = \mathbf{R}$.

4. $A \cap B = \{x \mid 2 \leqslant x < 3\}$, $A \cup B = \{x \mid -1 < x \leqslant 6\}$.

习 题 1-3

1. (1) $[2,4]$;   (2) $[-5,+\infty)$;   (3) $(-\infty,7)$;   (4) $(-2,3)$.

习 题 1-4

1. (1) $x \in \mathbf{R}$;   (2) $\varnothing$;   (3) $(-\infty,-3] \cup [5,+\infty)$;

    (4) $\left[\dfrac{1}{3},2\right]$.

2. (1) $(-\infty,1) \cup \left(\dfrac{7}{2},+\infty\right)$;   (2) $x=1$ 或 $x=\dfrac{7}{2}$;   (3) $\left(1,\dfrac{7}{2}\right)$.

3. $k>2$ 或 $k<-6$.

习 题 1-5

1. (1) $\left[-\dfrac{3}{2},4\right)$;   (2) $[-4,-1)$;

    (3) $\left(-\infty,\dfrac{1}{3}\right) \cup (2,+\infty)$;   (4) $(-\infty,-2] \cup (3,+\infty)$.

2. (1) $\left(-\dfrac{5}{2},2\right)$;   (2) $\left(-1,\dfrac{11}{5}\right)$;

    (3) $\left(-\infty,\dfrac{1}{2}\right) \cup \left(\dfrac{5}{2},+\infty\right)$;   (4) $\left(-\infty,\dfrac{5}{3}\right) \cup \left(\dfrac{7}{3},+\infty\right)$.

复 习 题 一

2. (1) $\complement_U A=\{5,7,11\}$；　$\complement_U B=\{1,3,9\}$；　$A\cup B=\{1,3,5,7,9,11\}$；　$A\cap B=\varnothing$；
　　　$\complement_U A\cup\complement_U B=\{1,3,5,7,9,11\}$；　$\complement_U A\cap\complement_U B=\varnothing$；　$\complement_U(A\cup B)=\varnothing$；　$\complement_U(A\cap B)=U$.

(2) $\subset$；　$\in$；　$\supset$；　$\subset$；　$\subset$；　$\notin$；　$\supset$.

(3) $A\cap B=\{x\mid -3<x<3\}$，$A\cup B=\{x\mid -4<x\leqslant 6\}$.

(4) $\{3,4,0,-1\}$，$\{-4,-3,-2,-1,0,1,2,3,4\}$，
　　　$\complement_U M=\{-4,-3,-2,1,2\}$，$\complement_U N=\{-4,-1,2,3,4\}$，
　　　$\complement_U(M\cap N)=\{-4,-3,-2,-1,\ 1,2,3,4\}$.

(5) $\{x\mid x>1\text{或}x<-1\}$.

(6) $\{\text{大于}1\text{小于}13\text{的偶数}\}$.

(7) $A\cup B=\mathbf{Z}$，$A\cap B=\varnothing$.

(8) $M\cap N=\left\{\left(2,\dfrac{1}{2}\right),\left(-2,-\dfrac{1}{2}\right)\right\}$.

(9) $A\cup B=\{x\mid -3<x\leqslant 3\}$，$A\cap B=\{x\mid -1\leqslant x<2\}$.

(10) $\{3,5\}$，$\{1,3,5\}$，$\{3,5,7\}$，$\{1,3,5,7\}$.

4. (1) $\{x\mid 1<x<2\}$；　　　　(2) $\left\{x\mid \dfrac{1}{2}<x<2\right\}$；　　　　(3) $\left\{x\mid \dfrac{1}{2}\leqslant x\leqslant 5\right\}$.

5. (1) $x=2$ 或 $x=\dfrac{1}{3}$；　　　　(2) $\left\{x\mid x>2\text{ 或 }x<\dfrac{1}{3}\right\}$；　　　　(3) $\left\{x\mid \dfrac{1}{3}<x<2\right\}$.

6. $\{x\mid -2\leqslant x\leqslant 1\}$.

第 二 章

习 题 2-1

1. $f(0)=-3$；$f(1)=-1$；$f(2)=1$；$f(3)=3$；$f(4)=5$；$f(5)=7$. 值域为 $\{-3,-1,1,3,5,7\}$.

2. $f(3)=5$；$f\left(-\dfrac{1}{2}\right)=-\dfrac{3}{2}$；$f(a)=\dfrac{a^2-4}{|a-2|}=\begin{cases}a+2,a>2\\-(a+2),a<2\end{cases}$.

5. $a=\dfrac{1}{3}$，$b=\dfrac{1}{3}$.

6. (1) $(-\infty,1)\cup(1,+\infty)$；　　　　(2) $\left[-\dfrac{3}{5},+\infty\right)$；

(3) $(-\infty,+\infty)$；　　　　(4) $[-3,3]$；

(5) $(-4,4)$；　　　　(6) $\left(-\infty,-\dfrac{1}{2}\right)\cup\left(-\dfrac{1}{2},+\infty\right)$；

(7) $\{x\mid x\geqslant -1,x\neq 0\}$；　　　　(8) $\{x\mid x>3\}\cup\{x\mid x<-2\}$.

习 题 2-2

3. (1) 奇函数；　(2) 非奇非偶函数；　(3) 偶函数；　(4) 非奇非偶函数.

4. $f(2)=1$；$f(-3)=-2$；$f(1)=0$；$f(\sqrt{5})=\sqrt{5}-1$.

习 题 2-3

1. (1) 无反函数；　　　　(2) 反函数 $y=\sqrt{x-5}$，$x\in[5,+\infty)$；

(3) 无反函数;   (4) 反函数 $y=-x, x\in[0,+\infty)$.

2. (1) $y=\dfrac{1}{2}(x-7)$;   (2) $y=\sqrt[3]{2x}$;   (3) $y=\dfrac{2}{x}$.

3. 反函数为 $y=\dfrac{1}{2}(x+1), x\in\{-1,1,3,5,7\}$.

复习题二

1. (1) $(-\infty,-3]\cup[3,4)\cup(4,+\infty)$; (2) $\{-5,-3,-1,1\}$; (3) $2x^2+3, 4x+3$;

   (4) 15;   (5) $[0,+\infty), (-\infty,0]$, y 轴;   (6) $x\in\mathbf{Z}, \{-1,0,1\}$.

2. (1) D;   (2) A;   (3) D;   (4) A;   (5) C;   (6) C;   (7) D;   (8) D.

3. $f(a)=\dfrac{|a-4|}{a^2-16}=\begin{cases}\dfrac{1}{a+4} & a>4 \\ -\dfrac{1}{a+4} & a<4\end{cases}$.

4. (1) $[-5,-1)\cup(-1,0]$;   (2) $(-\infty,-2)\cup(-2,-1)\cup(-1,+\infty)$;

   (3) $(-4,1)$.

5. $f\left(\dfrac{1}{3}\right)=2, f(\sqrt{2})=3\sqrt{2}+1, x=0,-1$.

6. $y=-\sqrt{1-x^2}, x\in[0,1]$.

8. (1) 奇函数;   (2) 非奇非偶函数;   (3) 偶函数.

9. $V=\dfrac{x\sqrt{6x}}{36}, x\in(0,+\infty)$.

10. (1) $G=\begin{cases}0.22W, & 0\leqslant W\leqslant 2000, \\ 0.5W-560, & 2000<W<4000.\end{cases}$

    (2) 定义域为 $[0,4000)$,值域为 $[0,1440)$.

    (3) $f(1000)=220$(元). $f(3000)=940$(元).

第 三 章

习 题 3-1

1. (1) $\dfrac{64}{27}$;   (2) -0.1;   (3) $2\sqrt[6]{3}$;   (4) 6.

2. (1) $-\dfrac{3}{4c\sqrt{b}}$;   (2) $2-\dfrac{6}{x}$.

3. (1) $<$;   (2) $<$;   (3) $>$;   (4) $>$.

4. (1) $[1,2)\cup(2,+\infty)$;   (2) $(-\infty,-1)\cup\left(\dfrac{3}{2},+\infty\right)$;

   (3) $(-\infty,-3)\cup(-3,+\infty)$;   (4) $(-3,-1)\cup(-1,+\infty)$.

习 题 3-2

2. (1) $<$;   (2) $>$;   (3) $>$;   (4) $<$.

3. (1) $x>0$;   (2) $x<0$;   (3) $x<0$;   (4) $x>0$.

4. (1) $m<n$;   (2) $m>n$.

5. $-1<x<1$.

6. $x>4$ 或 $x<1$.

7. (1) $(-\infty,0)\bigcup(0,+\infty)$;　　　　　　　　(2) $[3,+\infty)$;

(3) $\left[-\dfrac{7}{3},+\infty\right)$;　　　　　　　　(4) $(-\infty,0)\bigcup(0,+\infty)$.

8. (1) $x=-2$;　　(2) $x=-\dfrac{3}{2}$;　　(3) $x=5$;　　(4) $x=2$.

习 题 3-3

1. (1) $x=9$;　　(2) $x=1$;　　(3) $x=\dfrac{2}{3}$;　　(4) $x=8$.

2. (1) 25;　　(2) $\dfrac{49}{8}$;　　(3) 36;　　(4) 36.

3. (1) $\dfrac{144}{5}$;　　(2) $\dfrac{\sqrt[5]{a+bc^2}}{a^2b^4}$.

4. (1) $\dfrac{3}{2}$;　　(2) -4;　　(3) 1;　　(4) $\dfrac{1}{2}$.

5. (1) 8;　　(2) 略.

6. (1) 0.6990;　　(2) 3.6889;　　(3) 0.1189.

7. 约 2 年.

8. 155.3 万.

习 题 3-4

2. (1) >;　(2) <;　(3) >;　(4) <;　(5) =;　(6) <.

3. (1) $0<a<1$;　　(2) $a>1$;　　(3) $a>1$;　　(4) $0<a<2$.

4. $\dfrac{1+\sqrt{17}}{2}<x<4$.

5. (1) $\left(-\infty,\dfrac{1}{3}\right)$;　　(2) $[1,+\infty)$;　　(3) $(0,+\infty)$;　　(4) $(0,+\infty)$.

6. (1) $x=\pm8$;　　　　　　　(2) $x=10^4,x=10^{-1}$;

(3) $x=10^2,x=10^3$;　　　　(4) $x=1$.

7. $y=(1+10\%)^x$;1.33 万元.

复 习 题 三

1. (1) $\dfrac{100}{9}$;　　(2) $\dfrac{b-a}{b+a}$;　　(3) $\dfrac{20}{11}$;　　(4) 0;

(5) 0;　　(6) 1;　　(7) 2 或-3;　　(8) 4;

(9) $y=6\cdot3^x$;　　(10) $\dfrac{81}{4}$.

2. (1) C;　(2) D;　(3) C;　(4) D;　(5) D;　(6) D;　(7) D;　(8) B.

3. (1) $\log_3 0.5<0.5^2<3^{0.2}$;　　　　(2) $\log_2 0.6<\lg 0.6<\log_{\frac{1}{3}}0.6$

4. (1) $[0,2)\bigcup(2,+\infty)$;　　　　(2) $(-\infty,0)\bigcup(0,+\infty)$;

(3) $\left(\dfrac{4}{3},\dfrac{5}{3}\right]$;　(4) $(-\infty,-3)\bigcup(6,+\infty)$;

(5) $a>1$ 时,$x\in(0,+\infty)$;$0<a<1$ 时,$x\in(-1,0)$;

(6) $[-6,7)$.

5. (1) -2;　　　　　　　(2) $|\lg x-1|=\begin{cases}\lg x-1 & (x\geqslant10),\\ 1-\lg x & (0<x<10).\end{cases}$

6. (1) $y=\log_3\dfrac{1+x}{1-x}$;　　　　　　(2) $t=\dfrac{a(\mathrm{e}^{\frac{v}{k}}-1)}{\mathrm{e}^{\frac{v}{k}}+1}$.

7. (1) 1899 万元;　　　　　　(2) 28.3%;

   (3) 约 7 年.

第 四 章

习 题 4-1

1. (1) $\{\alpha\mid\alpha=k\times360°+45°,k\in\mathbf{Z}\}$,　$-315°$,　$405°$,　$45°$;

  (2) $\{\alpha\mid\alpha=k\times360°-60°,k\in\mathbf{Z}\}$,　$-60°$,　$300°$,　$660°$;

  (3) $\{\alpha\mid\alpha=k\times360°+32°25',k\in\mathbf{Z}\}$,　$-327°35'$,　$32°25'$,　$392°25'$;

  (4) $\{\alpha\mid\alpha=k\times360°+156°,k\in\mathbf{Z}\}$,　$-204°$,　$156°$,　$516°$.

2. (1) $315°$,Ⅳ;　　(2) $35°8'$,Ⅰ;　　(3) $250°$,Ⅲ;　　(4) $123°$,Ⅱ.

3. (1) $\left\{\alpha\mid\alpha=k\pi+\dfrac{\pi}{2},k\in\mathbf{Z}\right\}$ 或 $\{\alpha\mid\alpha=k\times180°+90°,k\in\mathbf{Z}\}$.

  (2) $\left\{\alpha\mid2k\pi<\alpha<2k\pi+\dfrac{\pi}{2},k\in\mathbf{Z}\right\}$, $\left\{\alpha\mid2k\pi+\dfrac{\pi}{2}<\alpha<2k\pi+\pi,k\in\mathbf{Z}\right\}$,

   $\left\{\alpha\mid2k\pi+\pi<\alpha<2k\pi+\dfrac{3\pi}{2},k\in\mathbf{Z}\right\}$, $\left\{\alpha\mid2k\pi+\dfrac{3\pi}{2}<\alpha<2k\pi+2\pi,k\in\mathbf{Z}\right\}$.

4. (1) $\dfrac{\pi}{10}$;　(2) $-\dfrac{2\pi}{3}$;　(3) 6π;　(4) 0.3455;

5. (1) $75°$;　(2) $-480°$;　(3) $286°30'$;　(4) $720°$;　(5) $12°$.

6. (1) $6\pi+\dfrac{4\pi}{3}$,Ⅲ;　(2) $-6\pi+\dfrac{11\pi}{6}$,Ⅳ;　(3) $-4\pi+\dfrac{8\pi}{9}$,Ⅱ.

7. (1) $\dfrac{\sqrt{3}}{2}$;　(2) $\dfrac{\sqrt{3}}{3}$;　(3) $\dfrac{1}{2}$;　(4) 1.

8. $10\,800$ mm.

9. $119.4°$.

10. (1) 10π;　(2) 7.5π m.

习 题 4-2

3. (1) $\dfrac{1}{2}$;　(2) 1;　(3) $\dfrac{1}{2}$;　(4) $\dfrac{\sqrt{3}}{2}$.

4. (1) 负;　(2) 负;　(3) 负;　(4) 正;

  (5) 正;　(6) 负.

5. (1) 第Ⅰ、Ⅲ象限;　　(2) 第Ⅱ、Ⅲ象限;

  (3) 第Ⅰ、Ⅳ象限.

6. (1) $(a-b)^2$;　(2) $\dfrac{8}{5}$;　(3) $-n$;　(4) $3\sqrt{3}$.

7. $\sin\alpha=-\dfrac{40}{41}$;$\tan\alpha=\dfrac{40}{9}$;$\cot\alpha=\dfrac{9}{40}$.

8. $\cos\alpha=\pm\dfrac{3}{5}$;$\tan\alpha=\pm\dfrac{4}{3}$;$\cot\alpha=\pm\dfrac{3}{4}$.

11. (1) $\dfrac{1}{2}$;　(2) $\dfrac{\sqrt{2}}{2}$;　(3) $\sqrt{3}$;　(4) $\dfrac{\sqrt{3}}{2}$;　(5) $\dfrac{\sqrt{3}}{2}$;　(6) $\dfrac{\sqrt{3}}{3}$.

习 题 4-3

1. (1) -1；　　(2) 0；　　(3) -1；　　(4) $-\sqrt{3}$；

　(5) $-\dfrac{\sqrt{2}}{2}$；　(6) $\dfrac{\sqrt{3}}{2}$；　(7) $-\dfrac{\sqrt{3}}{3}$；　(8) $-\sqrt{3}$；

　(9) $\sqrt{3}$；　(10) $\sqrt{3}$.

2. (1) $-\dfrac{1}{2}$；　(2) $-\dfrac{1}{4}$；　(3) 5；　(4) 0；

　(5) $-\dfrac{1}{2}$；　(6) 7.

3. (1) 1；　(2) $\tan\alpha$；　(3) 0；　(4) $(\sin\alpha-\cos\alpha)^2$.

习 题 4-4

1. (1) $\left\{x\,|\,x\in\mathbf{R},x\neq k\pi+\dfrac{\pi}{3},k\in\mathbf{Z}\right\}$；　(2) $\left\{x\,|\,x\in\mathbf{R},x\neq\dfrac{k\pi}{2},k\in\mathbf{Z}\right\}$.

2. (1) <0；　(2) <0；　(3) <0；　(4) <0.

4. $a=\pm1$.

5. $(\tan\alpha)^{\tan\beta}<(\tan\beta)^{\tan\alpha}$.

习 题 4-5

1. (1) $\dfrac{7\pi}{6},\dfrac{11\pi}{6}$；　(2) π；

　(3) $\dfrac{\pi}{6},\dfrac{7\pi}{6}$；　(4) $\dfrac{5\pi}{6},\dfrac{11\pi}{6}$；

　(5) $\dfrac{\pi}{3},\dfrac{5\pi}{3}$；　(6) $\dfrac{\pi}{2}$.

2. (1) $\left\{x\,|\,x=2k\pi+\dfrac{3\pi}{2},k\in\mathbf{Z}\right\}$；　(2) $\left\{x\,|\,x=k\pi+\dfrac{\pi}{2},k\in\mathbf{Z}\right\}$；

　(3) $\left\{x\,|\,x=k\pi+\dfrac{\pi}{4},k\in\mathbf{Z}\right\}$；　(4) $\left\{x\,|\,x=k\pi+\dfrac{5\pi}{6},k\in\mathbf{Z}\right\}$.

3. $A=\dfrac{2\pi}{3},B=\dfrac{\pi}{6}$.

习 题 4-6

1. (1) $c=62,B=24°$；　(2) $b=1.6,S_{\triangle}=0.98$.

2. (1) $B_1=43°$，$B_2=137°$，$A_1=114°$，$A_2=20°$，$a_1=35$，$a_2=13$.

　(2) 无解.

3. $4\sqrt{3},4\sqrt{15},48$.

4. 149.

复 习 题 四

1. (1) $-\dfrac{2\pi}{19},\dfrac{36\pi}{19}$；　(2) 第Ⅱ或第Ⅳ象限，第Ⅲ或第Ⅳ象限；

　(3) $\dfrac{\pi}{3}$；　(4) $\dfrac{m^2-1}{2}$；

(5) a^2-2;

(6) $\dfrac{5}{3}$;

(7) $-\cot\alpha$;

(8) $-\dfrac{\sqrt{3}}{2}$;

(9) 0;

(10) $\pm\dfrac{2\sqrt{5}}{5}$.

2. (1) C;　(2) C;　(3) D;　(4) D;　(5) B;　(6) C;　(7) D;　(8) C.

3. $\tan\alpha=2$,　$\cot\alpha=\dfrac{1}{2}$,　$\sec\alpha=\pm\sqrt{5}$,　$\cos\alpha=\pm\dfrac{\sqrt{5}}{5}$,　$\csc\alpha=\pm\dfrac{\sqrt{5}}{2}$,　$\sin\alpha=\pm\dfrac{2\sqrt{5}}{5}$.

4. $-\dfrac{50}{7}$.

5. (1) 1;　(2) 1;　(3) $-2\tan\alpha$;　(4) $\sin\alpha$;　(5) 1.

7. (1) $\pm\dfrac{\sqrt{3}}{2}$;

(2) $\pm\sqrt{3}$.

8. (1) $a\approx8.96,b\approx7.32,\angle C=75°$;

(2) $A\approx41°25',B\approx55°46',C\approx82°49'$.

第 五 章

习 题 5-1

1. $-\dfrac{63}{65}$.

2. $-\dfrac{4+3\sqrt{3}}{10}$.

3. $\dfrac{7}{9},\dfrac{3}{11}$.

7. $-\dfrac{2}{11}$.

8. $C=135°$.

习 题 5-2

1. (1) $\dfrac{1}{4}$;　　　(2) $-\dfrac{\sqrt{3}}{2}$;　　　(3) $-\dfrac{\sqrt{2}}{4}$;　　　(4) $-\dfrac{1}{2}$.

2. (1) $-\dfrac{3\sqrt{7}}{8},3\sqrt{7}$;　(2) $-\dfrac{4}{3}$.

3. (1) 1;

(2) $\cos\dfrac{\alpha}{4}-\sin\dfrac{\alpha}{4}$;

(3) $\dfrac{1}{2}\sin4\alpha$;

(4) $\tan2\theta$;

(5) $2\tan2\alpha$;

(6) $\cos2\alpha$.

5. $\dfrac{120}{169},-\dfrac{119}{169},-\dfrac{120}{119}$.

习 题 5-3

1. (1) $A=1,T=\pi$,最大值为1,最小值为-1.

(2) $A=5,T=4\pi$,最大值为5,最小值为-5.

(3) $A=\dfrac{1}{2}$，$T=\dfrac{2\pi}{3}$，最大值为 $\dfrac{1}{2}$，最小值为 $-\dfrac{1}{2}$.

2. $y=2\sin\left(x+\dfrac{\pi}{3}\right)$.

3. $A=\sqrt{2}$，$T=2\pi$，当 $x=2k\pi+\dfrac{\pi}{4}$ $(k\in\mathbf{Z})$时，y 有最大值为 $\sqrt{2}$；当 $x=2k\pi+\dfrac{5\pi}{4}$ $(k\in\mathbf{Z})$时，y 有最小值为 $-\sqrt{2}$.

4. (2) ① $S=2\sqrt{3}$；   ② $A=4$；   ③ $T=\pi$.

复 习 题 五

1. (1) D；   (2) C；   (3) B；   (4) D；   (5) D；   (6) C；   (7) B.

2. (1) $-2\cot\theta$；   (2) $\cos 2\alpha$.

4. $i=200\sin\left(\dfrac{\pi}{6}\times10^3 t+\dfrac{2\pi}{3}\right)$.

5. $A=2$，$T=\dfrac{\pi}{2}$，当 $x=\dfrac{1}{2}k\pi+\dfrac{\pi}{12}$ $(k\in\mathbf{Z})$时，y 有最大值为 2；当 $x=\dfrac{1}{2}k\pi+\dfrac{\pi}{3}$ $(k\in\mathbf{Z})$时，y 有最小值为 -2.

第 六 章

习 题 6-1

6. (1) i；$-$i；   (2) 并集；   (3) 空集；   (4) $\dfrac{3}{2}$；$-\dfrac{3}{2}$.

习 题 6-2

5. (1) $\dfrac{7}{6}-\dfrac{5}{12}$i；   (2) $2b+2a$i；   (3) $-21+24$i；   (4) $-\dfrac{1}{2}-\dfrac{\sqrt{3}}{2}$i；

   (5) $-1+$i；   (6) $(a^2+b^2)^2$；   (7) $\dfrac{18}{65}-\dfrac{1}{65}$i；   (8) -1；

   (9) $10+2$i；   (10) $-1+$i.

7. $z=5-\dfrac{5}{2}$i.

8. (1) $\dfrac{147}{229}+\dfrac{72}{229}$i；   (2) $\dfrac{3}{13}-\dfrac{2}{13}$i.

9. (1) $x=\pm\dfrac{3}{2}$i；   (2) $x=\dfrac{5}{4}\pm\dfrac{\sqrt{39}i}{4}$；

   (3) $x=4\pm$i.

习 题 6-3

3. (1) $\dfrac{5}{2}+\dfrac{5\sqrt{3}}{2}$i；   (2) $-\dfrac{\sqrt{6}}{2}+\dfrac{\sqrt{6}}{2}$i；

   (3) $3\sqrt{3}-3$i；   (4) -3i.

4. (1) 24i；   (2) $-15\sqrt{2}+15\sqrt{2}$ i；

   (3) $-\sqrt{2}$；   (4) $3\sqrt{3}+3$i；

(5) $-\dfrac{1}{2}+\dfrac{\sqrt{3}}{6}$i;　　　　　　　　　　(6) $-\dfrac{\sqrt{3}}{4}+\dfrac{1}{4}$i.

5. (1) 243i;　　　　(2) -8i;　　　　(3) $-\dfrac{1}{8}$;　　　　(4) $-8+8\sqrt{3}$ i;

(5) 0.

6. (1) $\sqrt{2}\,\mathrm{e}^{\mathrm{i}\frac{3\pi}{4}}$;　　　　　　　　(2) $2\mathrm{e}^{\mathrm{i}\frac{5\pi}{3}}$;　　　　　　　　(3) $\sqrt{2}\,\mathrm{e}^{\mathrm{i}\frac{\pi}{6}}$.

7. (1) $\sqrt{6}+\sqrt{6}$ i;　　　　　　　　(2) $-1-\sqrt{3}$ i.

8. (1) $-3-\sqrt{3}$ i;　　　　　　　　(2) 27.

复 习 题 六

2. (1) D;　(2) B;　(3) D;　(4) D;　(5) D;　(6) A;　(7) A;　(8) D;　(9) D.

5. (1) $8-8\sqrt{3}$ i;　　　　　　　　(2) $\dfrac{1}{4}-\dfrac{\sqrt{3}}{4}$i.

6. (1) $2(\cos 2\theta+\mathrm{i}\sin 2\theta)$;　　　　(2) i.

7. (1) $z=\dfrac{3}{4}+$i;　　　　　　　　(2) $z=-\dfrac{1}{2}\pm\dfrac{\sqrt{3}}{2}$i.

9. (1) $x=-$i;　　　　　　　　(2) $x=-2\pm$i.